Gerti Keller
Eva-Grit Schneider

Meine Landschildkröte zu Hause

Ulmer

Inhaltsverzeichnis

Vorwort

» Wie ihre Artgenossen, so schätzt auch diese Breitrandschildkröte den Auslauf im Grünen.

Die Dinosaurier sind längst ausgestorben. Aber die Schildkröten leben immer noch auf unserer Erde. Mit ihrem gemusterten Panzer, den strammen Beinchen und den klugen Augen wirken diese urtümlichen Reptilien wie Boten aus grauer Vorzeit. Sie haben es geschafft, sich dem Lauf der Evolution anzupassen. Und nicht nur das: Sie können sogar als Haustiere gehalten und zahm werden. Doch trotz ihrer gutmütigen Ausstrahlung darf man nicht vergessen: Schildkröten sind nach wie vor Wildtiere. Und sie haben – auch wenn sie bei uns geboren wurden – immer noch die gleichen Bedürfnisse wie in freier Natur.

Damit sich Ihr gepanzerter Mitbewohner bei Ihnen pudelwohl fühlt, müssen Sie die ursprünglichen Lebensbedingungen Ihres Haustiers kennen und umsetzen. Alle Schildkröten sind anspruchsvolle Pfleglinge. Sie lieben die Sonne und brauchen UV-Licht. Da sie wechselwarme Tiere sind, benötigen sie jeweils ein Plätzchen zum Aufwärmen und zum Abkühlen; sie müssen sich verstecken können und gesund ernährt werden. Hinzu kommt: Schildkröten können in den kühleren Regionen der Erde nur überleben, weil die Natur bei ihnen einen Trick anwendet. Sie lässt die Reptilien den langen, kalten Winter einfach verschlafen. Doch auch die richtige Überwinterung erfordert Know-how. Wird die Schildkröte artgerecht gehalten, steht einem langen Leben nichts im Wege – und zwar einem wirklich langen Leben. Denn dieses possierliche Reptil kann in menschlicher Obhut über 50 Jahre alt und ein Freund fürs Leben werden.

» Urviecher – auch diese Griechische Landschildkröte ist ein lebendiger Zeuge der Vergangenheit.

Systematik

» Sonnenanbeter – Schildkröten brauchen UV-Strahlen. Hier nimmt eine Karolina-Dosenschildkröte ein Sonnenbad.

Schildkröten gehören zur Klasse der Reptilien. Ihr wissenschaftlicher Name lautet Testudines. Sie gliedern sich in zwei Unterordnungen: in Halswender (Pleurodira) und Halsberger (Crytodira). Die Halswender legen ihren Kopf seitlich am Körper an, Halsberger ziehen ihn vollständig ein. Bei Landschildkröten handelt es sich ausnahmslos um Halsberger. Die beiden Unterordnungen gliedern sich wiederum in zwölf Familien mit 87 Gattungen. Es gibt Land-, Wasser- und Sumpfschildkröten. Auf der ganzen Welt leben heute mehr als 240 Arten. Sie kommen in den verschiedensten Größen und Variationen vor.

Die kleinste Schildkröte ist die Gesägte Flachschildkröte. Dieser Zwerg lebt in Südafrika, wird gerade mal 9,5 cm lang und bringt lediglich 140 g auf die Waage. Dagegen ist die Lederschildkröte ein ganz anderes Kaliber: Sie lebt im Meer, zählt mit mehreren hundert Kilo zu den Schwergewichten und bringt es dabei auf stolze 2,4 m Länge! Alle Schildkröten legen Eier, die sie vergraben.

Geschichte

Schildkröten lebten schon vor 180 Millionen Jahren auf der Erde. Die ältesten Fossilien fand man übrigens in Deutschland, am Rande des Harzes. Ihre Nachfahren sind lebende Beispiele für die enorme Anpassungsfähigkeit der Schildkröten im Laufe der Evolution. So besitzt die Afrikanische Spaltenschildkröte beispielsweise einen elastischen Panzer. Auf diese Weise kann sie sich in Felsspalten verstecken. Andere Arten wie die Dosenschildkröte sind fähig, ihren Panzer komplett zu verschließen. Dank dieser Vielfältigkeit konnten sie nahezu die ganze Erde – mit Ausnahme der kalten Polarregionen – zu ihrem Lebensraum machen. Die meisten Schildkröten leben in tropischen und subtropischen Gebieten. Einige von ihnen sind Steppenbewohner, andere bevorzugen die Wüste. Aber es gibt auch Arten, die den Regenwald bevölkern oder sich in der Nähe von Flusstälern aufhalten. Einige Arten sind auch in den gemäßigten Zonen zu Hause. Allerdings können sie das wechselvolle Klima von Europa, Australien oder Nordamerika nur überleben, weil sie Winterruhe halten.

Klasse:	Reptilien (Reptilia)
Unterklasse:	Anapsida
Ordnung:	Schildkrötenartige Kriechtiere (Testudines)
Unterordnung:	Halsberger (Cryptodira)
Familie:	Landschildkröte (Testudinidae)
Gattungen:	13
Arten:	circa 93 (mit Unterarten)

» Karolina-Dosenschildkröte

» Maurische Landschildkröte

» Unterart der Griechischen Landschildkröte: *Testudo hermanni boettgeri*

» Man unterscheidet bei der Griechischen Landschildkröte zwei Unterarten. Hier sehen Sie die westliche Unterart. Ihre genaue Bezeichnung lautet: *Testudo hermanni hermanni*. Sie kommt unter anderem in Spanien, Frankreich, Italien und auf den Balearen vor.

Überlegungen vor dem Kauf

Für wen sind Schildkröten geeignet?

Alle Menschen, die Tiere gerne beobachten, sind ideale Schildkrötenhalter. Wichtig ist aber auch, dass Sie genügend Zeit haben, damit Sie sich auch um Ihr Haustier kümmern können. Denn Schildkröten benötigen regelmäßige, intensive Pflege.
Ideal ist, wenn Sie einen Garten oder eine Wohnung mit Terrasse oder Balkon haben. Denn damit Ihre Schildkröte gesund bleibt, braucht sie viel Sonne. Und die bekommt sie im Sommer am besten in einem Außengehege. Ebenfalls wichtig: Wenn die Schildkrötenart Ihrer Wahl Winterschlaf hält, muss Sie an einem dafür geeigneten Platz untergebracht werden können. Optimal ist ein kalter Kellerraum.
Außerdem ist die Haltung nicht ganz billig. Der Kauf des Reptils selbst ist dabei noch der kleinste Posten. Man benötigt jede Menge Zubehör und muss auch das Geld für regelmäßige Tierarztbesuche aufbringen.
Und: Eine Schildkröte ist kein Schmusetier. Daher eignen sich diese Reptilien für Kinder nur bedingt – sie sind keine Spielkameraden wie ein Zwergkaninchen und brauchen viel Ruhe. Wird die Schildkröte beispielsweise hoch gehoben, so bricht sie in Panik aus. Sie denkt, sie würde einem anderen Tier zur Beute fallen. Folglich sollte sie möglichst wenig in der Wohnung herumgetragen werden. Wird in ihrer Nähe getobt, bedeutet das ebenfalls Stress für die Schildkröte.
Schildis sollten weder aus Spaß auf den Rücken gelegt, noch wegen der Absturzgefahr auf der flachen Hand gehalten werden. Für den Fall, dass die anfängliche Begeisterung nachlässt, ist es ratsam, dass auch die Eltern genug Interesse an den Tieren haben.

» Eine ideale Außenanlage

ALTERNATIVE BEI ALLERGIEN

Haben Sie eine Allergie gegen Tierhaare oder Vogelfedern? Dann könnte eine Schildkröte das ideale Haustier sein. Denn sie löst beim Menschen keinerlei Allergien aus. Außerdem eignet sie sich für anfällige Menschen, denn sie gilt nicht als Krankheitsüberträger.

Auswahl des richtigen Züchters, Verkäufers oder der Verkaufsstelle

Schildkröten kauft man in einem Zoogeschäft oder beim Züchter. Empfehlenswerte Adressen erfahren Sie bei der Deutsche Gesellschaft für Herpetologie und Terrarienkunde (DGHT), in Terrarienzeitschriften oder im Internet (siehe Kapitel Adressen). Auch Messen und Börsen sind gute Kontakthöfe, um gute Tipps zu bekommen. Allerdings sollten Sie sich immer einen eigenen Eindruck verschaffen. Schauen Sie sich vor Ort an, unter welchen Bedingungen die Tiere gehalten werden.

WICHTIGE ANHALTSPUNKTE

1. **Der Laden muss einen sauberen, ordentlichen Eindruck machen.**
2. **Geruch deutet auf unzureichende Pflege hin (Kot und vergammelte Essensreste).**
3. **Terrarien müssen ordnungsgemäß beschriftet sein (wie im Zoo). Auf der Beschriftung müssen Namen (lateinisch und deutsch), Herkunft, Größe und Futter vermerkt sein.**
4. **Wirken die Tiere vital oder apathisch?**

Hohes Lebensalter

In freier Wildbahn sind Schildkröten wahre Methusalems. Sie können bis zu 150 Jahre alt werden. Aufgrund dieses in der Natur fast einmalig hohen Alters gelten Schildkröten als Sinnbild für Weisheit. Doch auch in menschlicher Obhut können Schildkröten ein stattliches Alter von 50 Jahren und mehr erreichen. Wie alt eine Schildkröte ist, lässt sich übrigens nicht an ihrem Panzer feststellen. Die Muster haben nichts mit so genannten Wachstumsringen gemeinsam. Junge Landschildkröten kann man bei einigen Arten an ihren Füßen erkennen. Sie haben zunächst nur vier Zehen, die fünfte wächst erst später nach.

Wie ist die Rechtslage?

Ein trauriges Kapitel: Was die Evolution nicht schaffte, scheint dem Menschen zu gelingen. In vielen Teilen der Welt wurde der natürliche Lebensraum der Schildkröten zerstört. Auch der schwunghafte Handel mit Haustieren hatte dramatische Auswirkungen. So wurden in den 60er und 70er Jahren über 400.000 Griechische Landschildkröten, *Testudo hermanni*, aus Jugoslawien exportiert. Hinzu kommt, dass in manchen Gegenden der Erde Schildkröten gezielt getötet wurden, um ihren Panzer als Schmuckschale zu verwenden.

» **Beispiellose Tierquälerei: Bei diesem Exemplar wurde der Panzer durchbohrt, um das Tier an einem Baum festbinden zu können.**

Außerdem galten die Kröten und deren Eier lange Zeit als Delikatesse. In einigen Ländern stehen sie bis heute auf dem Speiseplan. Durch den Raubbau des Menschen an der Natur sind etliche Arten vom Aussterben bedroht und fallen darum unter das Artenschutzgesetz.

Die Liste der bedrohten Tierarten des Washingtoner Artenschutzabkommens beinhaltet zwei Kategorien. Zur Kategorie I gehören alle Arten, die vom Aussterben bedroht sind. Das bedeutet konkret: Diese Arten dürfen weder ver- noch gekauft werden. Allerdings gelten innerhalb der EU wieder besondere Gesetze. Hier stehen 85 Land- und Wasserschildkröten auf der Liste der schutzbedürftigen Arten. Dazu zählen auch die beliebten Griechischen und Maurischen Landschildkröten, *Testudo hermanni* und *T. graeca*. Nachzuchten dieser Arten dürfen allerdings verkauft werden. Wenn Sie beim Kauf die so genannten CITES-Papiere ausgehändigt bekommen, können Sie sicher sein, dass Ihr Tier aus einer Nachzucht stammt.

Schildkröten, die unter die Kategorie II des Washingtoner Artenschutzabkommens fallen, dürfen dagegen kontrolliert aus der Natur entnommen werden. Kaufen Sie ein Tier dieser Kategorie, dann sollte auf der Quittung die wissenschaftliche Bezeichnung der Art vermerkt sein.

Die gesetzlichen Bestimmungen ändern sich ab und zu. Um auf Nummer sicher zu gehen, sollte man sich vor dem Kauf nach der aktuellen Rechtslage erkundigen. Informationen erhalten Sie unter anderem beim Landratsamt, Regierungspräsidium und dem Bundesamt für Naturschutz in Bonn.

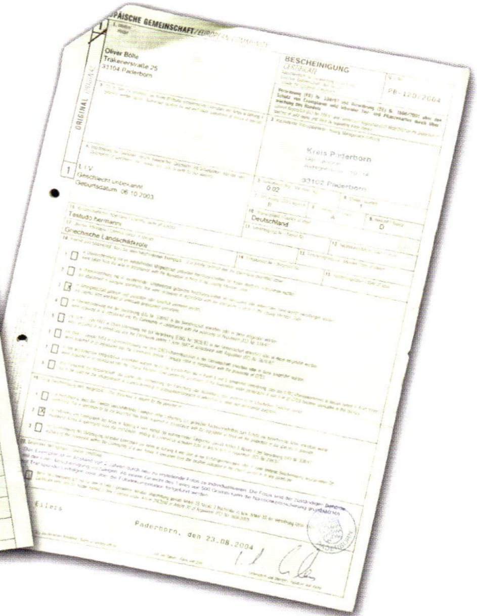

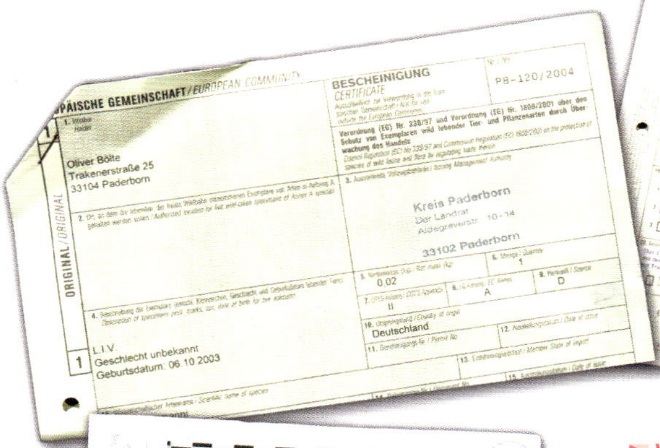

WICHTIGER HINWEIS

Bringen Sie keine Schildkröte aus dem Urlaub mit, sonst machen Sie sich strafbar! Auch das Aussetzen von Schildkröten verstößt gegen das Gesetz. Hintergrund: Ein solches Verhalten führt zur Fauna-Verfälschung und gefährdet heimische Tierarten.

Welche Schildkröte ist für mich geeignet?

Achten Sie vor dem Kauf unbedingt auf die Anforderungen der jeweiligen Art. Einige Schildkröten werden groß und brauchen dementsprechend viel Platz. Andere wiederum sind so anspruchsvoll, dass sie sich nur für Schildkrötenhalter mit langjähriger Erfahrung eignen. Als verhältnismäßig pflegeleicht gilt die beliebte Griechische Landschildkröte, *Testudo hermanni*.

≫ Stellt nicht so große Ansprüche: die Griechische Landschildkröte

Unterscheidungsmerkmale

Der Panzer ist von Art zu Art anders gemustert und erscheint in unterschiedlichsten Farbtönen. Darüber hinaus gibt es weitere spezifische Besonderheiten. So besitzt die Vierzehen-Landschildkröte – der Name deutet es an – Zeit ihres Lebens nur vier Zehen statt fünf. Andere Arten wie die Glattrandgelenkschildkröte und die Stutzgelenkschildkröte können den hinteren Teil ihres Panzers durch ein spezielles Gelenk verschließen. Was den Punkt Alter betrifft, so haben es diese Tiere eigentlich gut: Sind sie einmal ausgewachsen, sieht man ihnen ihr Alter nicht mehr an. Nur während des Wachstums kann man erkennen, wie viele Jahre das Tier ungefähr auf dem Buckel hat. Nach drei Jahren haben Schildkröten ein Drittel ihrer Größe erreicht, nach sechs Jahren sind es rund zwei Drittel. Da die Schnelligkeit des Wachstums mit den Lebensumständen zusammenhängt, kann man sich auf diese Regel jedoch nicht verlassen.

So unterscheiden sich eine *Hermanni boettgeri* (links) und eine *Hermanni hermanni* (rechts). ≫

Unterschiede zeigen sich auch auf der Unterseite: *Hermanni boettgeri* (links), *Hermanni hermanni* (rechts) ≫

≫ Kommt auch auf vier Zehen gut durchs Leben: die Vierzehen-Landschildkröte

Geschlechtsunterschiede

Die genaue Unterscheidung ist bei Jungtieren reine Glückssache. Allerdings spielt das Geschlecht auch keine Rolle, wenn Sie sich nur ein Tier zulegen möchten. Männchen oder Weibchen unterscheiden sich kaum in Haltung, Pflege und Verhalten. Wenn Sie sich jedoch einen zweiten Mitbewohner für die Zucht kaufen möchten, dann nehmen Sie einen „Teenager" oder ein ausgewachsenes Tier. Bei älteren Schildkröten ist die Geschlechtszugehörigkeit deutlich zu erkennen. Der Schwanz des Männchens ist im Allgemeinen breiter, länger und kann bis in die Kniekehle reichen. Der Schildausschnitt an dieser Stelle ist entsprechend größer und breiter. Weibchen haben einen kurzen, kegelförmigen Schwanz mit kleinem Schildausschnitt. Das Männchen hat seinen Schwanz oft seitlich eingeschlagen. Außerdem weisen die Panzer von Männchen vieler Arten auf der Bauchseite eine starke Wölbung nach innen auf.

» Diese dreijährige Griechische Landschildkröte leidet unter einer Höckerbildung. Das ist das Ergebnis einer so genannten „Dampfaufzucht", bei der die Tiere durch zu viel Vitamine und Proteine zu schnell wachsen.

» Links sehen Sie eine griechische Landschildkröten-Dame, rechts ein Männchen.

» Auch diese fünfjährigen Exemplare leiden unter einer Panzermissbildung durch falsche Ernährung.

Gesundheitscheckliste für den Kauf

Erste Regel:
Erwerben Sie eine Schildkröte möglichst im Sommer. So ersparen Sie sich einen komplizierten Transport (siehe Kapitel Eingewöhnung: Wie transportiere ich meine Schildkröte richtig in ihr neues Heim) und können den Gesundheitszustand besser beurteilen. Im Winter kann Apathie nur normale Winterstarre bedeuten.

» Mit dem Panzertest lässt sich herausfinden, ob es sich um ein Jungtier oder um ein erwachsenes Exemplar handelt. Achtung: Hier ist Behutsamkeit angesagt.

Zweite Regel:
Kaufen Sie, wenn Sie noch Anfänger sind, ein ausgewachsenes Exemplar (mindestens zwölf bis 36 Monate alt). Jungtiere sind empfindlicher als erwachsene Tiere. Schauen Sie sich auch den Panzer genau an. Er muss gleichmäßig geformt sein und hat, je nach Alter, eine andere Festigkeit. Der Panzer junger Schildkröten, die maximal 30 % ihrer Größe erreicht haben, muss fest und zugleich elastisch sein. In etwa so wie Ihr eigener Daumennagel. Der Zustand des Panzers lässt sich durch Drücken (aber bitte nur ganz vorsichtig!) herausfinden. Sind die Tiere älter, so wird der Panzer hart.

CHECKLISTE FÜR DEN KAUF

Heben Sie die Kröte hoch. Ein gesundes, vitales Exemplar zieht sich entweder in den Panzer zurück oder strampelt.

Panzer:
Ist er bucklig oder hat sogar Höcker, so liegt in den allermeisten Fällen eine Schädigung vor. Die Hornplatten selbst sollten fest und unverletzt sein. Lockere bis fehlende Hornschilder oder Knochen, die blank liegen, verheißen nichts Gutes.

Bauchseite:
Zeigen sich Löcher im Panzer, so ist das ein ganz schlechtes Zeichen, vor allem dann, wenn auch noch wässrige, rosige Bläschen darunter auftauchen.
Die Haut an Beinen oder Hals, die unter den Schuppen zum Vorschein kommt, muss weich aussehen. Ein krustiges Hautbild weist auf Zecken oder Milbenbefall hin.

Augen:
Sind die Lider geschwollen oder geschlossen? Ist das Auge milchig trüb? Dann heißt es: Finger weg! Ein gesundes Tier schaut mit weit geöffneten, blanken Augen in die Welt.

Die **Nase** muss frei von Sekreten sein und es dürfen sich keine Bläschen zeigen (das gilt auch für den **Schnabel**).

Alle **Krallen** müssen vorhanden und fest am Fuß angewachsen sein. Das Nagelbett darf weder entzündet sein noch geschwollen aussehen.

Rasselnde, schnarchende **Atemgeräusche** deuten auf eine Erkrankung der Atmungswege hin.

Bewegung: Zieht sie ein Bein nach, so liegt vermutlich eine Nervenschädigung zu Grunde.

Kot im Gehege – er sollte fest und nicht breiig-schleimig sein.

» Diese Maurische Landschildkröte ist kerngesund. Kaufen Sie nur Exemplare, die genauso putzmunter wirken.

Entdecken Sie nur eines der erwähnten unguten Zeichen, dann nehmen Sie die Schildkröte nicht. Mitleid hilft in solchen Fällen meist nicht viel, sie wird vermutlich sterben. Hat das Tier Ihrer Wahl den Check jedoch erfolgreich bestanden, dann ist die Untersuchung trotzdem noch nicht überstanden. Um auszuschließen, ob der neue Mitbewohner unter Parasiten leidet, müssen Sie in den nächsten drei Tagen täglich eine Kotprobe sammeln. Besorgen Sie sich dafür beim Tierarzt drei Behälter. Pro Probe geben Sie einen Tropfen Wasser hinzu. Die Aufbewahrung erfolgt im Kühlschrank. Die älteste Probe darf höchstens fünf Tage alt sein. Die Untersuchung erfolgt durch den Tierarzt oder das örtliche Veterinäramt. Falls Sie weitere Schildkröten haben, quartieren Sie den Neuling anfangs auf der Quarantäne-Station (siehe Kapitel Quarantäne muss sein) ein.

Meine Schildkröte und andere Haustiere

Es ist leider so: Schildkröten fügen sich nicht besonders gut in den Hauszoo ein. Das liegt nicht an ihnen, sondern an den anderen Hausbewohnern. Auf den ersten Blick sehen sie mit ihrem Panzer zwar unverwundbar aus. Doch dieses Überlebensprogramm nützt ihnen nicht in jedem Fall. Hunde und Katzen sehen Schildkröten von Natur aus als Beute an. Hunde beispielsweise können sie im Maul herumtragen und als Kauknochen benutzen. Auch Nagetiere wie Ratten können Schildkröten regelrecht anfallen. Nur unter Ihrer Aufsicht dürfen sie die unterschiedlichen Spezies zusammenbringen. Für Schlangenfreunde sind Schildkröten generell tabu. Schildkröten sondern Keime ab, die für Schlangen tödlich sind.

» Hier macht es sich ein Blauzungenskink auf der Landschildkröte gemütlich. Nur wenn die Anlage groß genug ist, beispielsweise in einem Gewächshaus, kann eine Vergesellschaftung mit anderen Reptilien erfolgen. Terrarien sind dafür ungeeignet.

Das Zusammentreffen » von Hund und Kröte verläuft nicht immer so glimpflich wie in diesem Fall.

Eingewöhnung

» Schlicht, aber praktisch: Fürs Quarantäneterrarium genügt eine einfache Ausstattung.

Wie transportiere ich meine Wasserschildkröte in ihr neues Heim?

Oberster Grundsatz: Kaufen Sie Schildkröten nur in der warmen Jahreszeit (ab Mai bis einschließlich September). Der Transport im Winter ist für die von der Sonne verwöhnten Erdenbewohner lebensgefährlich.

▶ INFOBOX

Transport im Sommer:

Legen Sie das Exemplar in einen Baumwollbeutel. Schnüre, Kordeln und Nähte gehören nach außen, damit sich die Schildkröte nicht darin verheddert. Diesen Beutel legen Sie in einen Pappkarton, der nur etwas größer als die Schildkröte selbst ist (Beispielweise ein Schuhkarton). Achten Sie darauf, dass das Reptil richtig herum, mit dem Rücken nach oben transportiert wird!

Transport im Winter:

Manchmal lässt sich ein Transport leider nicht vermeiden, zum Beispiel, wenn Sie mitten im Winter umziehen. Gehen Sie dann folgendermaßen vor: Legen Sie auf den Boden des Kartons eine Wärmeflasche mit 30 °C warmem Wasser. Die Schildkröte kommt (wie oben beschrieben) in einen Baumwollsack und wird auf die Wärmflasche gelegt. Jetzt nehmen Sie eine Tasche und polstern sie mit einem Kissen aus. Darauf legen Sie den Karton. Während des Transports muss die Tasche verschlossen werden. So untergebracht, können Sie der Schildkröte eine Reise von einer Stunde zumuten. Wenn es möglich ist, öffnen Sie die Tasche während der Fahrt ab und zu, damit frische Luft hineinströmen kann. Aber bitte nur in Innenräumen. Das ist keine übertriebene Vorsorgemaßnahme: Manche Schildkrötenarten sind so empfindlich, dass sie sterben, wenn sie nur ein paar Luftzüge an der Winterluft geholt haben. Am besten eignen sich im Winter Styroporboxen mit Luftlöchern.

Eingewöhnung

Nach dem Transport sollten Sie der Schildkröte ein Bad in 26 °C warmem Wasser gönnen. Dauer: 10 bis 20 Minuten. Abtrocknen nicht vergessen! Nun kommt der neue Mitbewohner auf die Quarantänestation. Es ist ratsam, den frischgebackenen Hausgenossen während der ersten Tage in Ruhe zu lassen. Geben Sie ihm Zeit, sich an das neue Zuhause zu gewöhnen. Locken Sie ihn dann mit ruhiger Stimme, ruhigen Bewegungen und mit leckerem Futter aus dem Versteck.

Quarantäne muss sein

Eine Quarantänestation brauchen Sie immer – und zwar aus mehreren Gründen. Sie ist der erste Aufenthaltsort neu erworbener Schildkröten und muss daher vor dem Kauf fix und fertig sein. Außerdem dient sie als Isolations-Terrarium für kranke Tiere.

Die gute Nachricht: Eine Quarantänestation ist kein Luxushotel. Ein spartanisch eingerichtetes Aquarium (Mindestmaße: 60 x 50 x 50 cm) genügt. Notfalls tut es auch eine Mörtelwanne aus dem Baumarkt. Als Bodenbelag dienen mehrere Lagen Zeitungspapier. Das Haus besteht aus einem Holzbrett, das auf zwei Füßen steht. Um der Schildkröte ein wenig Sichtschutz zu bieten, sollte die hintere Wand mit dunkler Folie abgeklebt werden. Die obere Hälfte des Aquariums wird abgedeckt. Wasserschale und Futternapf müssen fest stehen. Für die Wärme- und Lichtzufuhr gelten die gleichen Regeln wie beim normalen Terrarium (siehe Kapitel: Haltung – Terrarium). Viel wichtiger als die Einrichtung ist – vor allem bei kranken Tieren – die Hygiene. Die Quarantänestation muss peinlichst sauber gehalten werden, damit ausgeschiedene Parasiten die Schildkröte nicht erneut befallen. Die Dauer des Aufenthalts richtet sich nach der Ursache. Warten Sie die Untersuchung der Kotproben und das Okay des Tierarztes ab. Manche Experten raten aus Sicherheitsgründen zu einer Quarantäne von einem Jahr.

Haltung

Unterbringung

In puncto Haltung sind Schildkröten anspruchsvolle Zeitgenossen. Sie brauchen ein Terrarium, das ihren Bedürfnissen gerecht wird. Wenn Sie die warme Jahreszeit im Freien genießen können, dann verkürzt sich die Zimmerhaltung auf die Übergangsphasen zwischen Winterschlaf und Freigehege. In Ausnahmefällen kann das Terrarium aber auch im Sommer als Ersatzort bei Schlechtwetterphasen dienen.

Terrarium

Viele Menschen glauben, dass die Schildkröte wenig Auslauf benötigt, weil sie sich so langsam bewegt. In der Tat ist sie nicht die Schnellste, aber auf ihre geruhsame Weise legt sie weite Strecken zurück. Das Terrarium sollte ihr daher genug Platz bieten. Die Mindestgröße berechnen Sie nach folgender Faustregel: Multiplizieren Sie die Panzerlänge des ausgewachsenen Tiers mit fünf. Das Ergebnis entspricht der Mindestanforderung in Breite und Länge. Für jede weitere Schildkröte muss die Fläche um 1/3 mitwachsen.

Als Terrarium eignen sich alle offenen Becken, deren Rand mindestens 15 cm und maximal 25 cm hoch ist. Beispielsweise Plastikwannen, Holzkisten oder Schubladen. Allerdings müssen alle hölzernen Behältnisse mit einer wasserdichten Folie (optimal: Teichfolie) ausgelegt werden. Am schönsten ist jedoch ein Aquarium. Dieses ist leicht sauber zu halten und man kann die Schildkröte darin gut beobachten. Bitte beachten: Bei „einfachen“ europäischen Arten muss das Aquarium oben geöffnet sein. Ein guter Luftaustausch ist wichtig, damit es im Terrarium nicht zu heiß wird oder der Boden nicht anfängt, zu schimmeln.
Das Wichtigste an der Behausung ist die technische Ausstattung. Schildkröten können ihre Körpertemperatur nicht eigenständig regulieren und benötigen daher Wärmezufuhr von außen. Außerdem brauchen sie ein feucht-kühles Eckchen für die Abkühlung.

» **Ganz wichtig: Auch das Terrarium sollte der Schildkröte genug Platz zum Auslauf bieten.**

Wärme und Licht

Da die Wärme in freier Wildbahn im Allgemeinen von oben kommt, sollte man keine Wärmesteine oder Heizmatten verwenden, die das Terrarium von unten wärmen. (Ausnahme: tropische Arten, sie brauchen ein Plätzchen im Terrarium mit mehr Wärme). Gängige europäische Landschildkrötenarten benötigen ein allgemeines Temperaturgefälle von 25 bis 35 °C. Die beste Quelle ist eine Halogenlampe, die 50 W Leistung hat oder die Luxusausführung: eine HQL-Lampe. Die Menge der Strahler muss auf die Größe des Terrariums und die Anzahl der Bewohner abgestimmt sein. Sie sollten im Frühjahr rund sechs Stunden, im Herbst sechs bis acht Stunden und im Sommer neun bis zehn Stunden täglich für wohlige Wärme sorgen. Das funktioniert am besten, indem man die Lampe an eine Zeitschaltautomatik anschließt. Um zu erfahren, wie hoch die Wärmequellen angebracht werden müssen, legen Sie unter den Strahler ein Thermometer auf den Terrarienboden und warten. Wenn es zwischen 25 bis 35 °C anzeigt, ist der Abstand richtig.

▶ INFOBOX

Bedenken Sie, dass es immer darum geht, die Jahreszeit und Klima des jeweiligen Heimatlands zu imitieren. Informieren Sie sich daher über das Klima im Ursprungsland. Erfährt die Schildkröte den natürlichen Wechsel, dann bereitet sie sich automatisch auf Paarung oder Winterschlaf vor.

Standort

Der Standort des Terrariums muss vor Zugluft geschützt sein und sollte nicht direkt auf dem Fußboden stehen. Weitere Kriterien: Das Schildkröten-Heim sollte an einem hellen Platz (nicht auf dem Fußboden) stehen, aber Achtung: Nicht direkt am Fenster, da die Scheiben bei direkter Sonnenstrahlung wie ein Brennglas wirken. Ideal sind verglaste Wintergärten oder Licht durchflutete Zimmer. Doch Vorsicht in heißen Sommern, da können Wintergärten zur Todesfalle für Ihre Lieblinge werden. Denken Sie in diesen Tagen an eine gute Durchlüftung und Schatten.

Inneneinrichtung

Damit sich Ihr Liebling in den eigenen vier Wänden wohl fühlen kann, muss sein Zuhause den natürlichen Anforderungen entsprechen. So orientiert sich der Bodenbelag beispielsweise daran, ob Ihre Schildkröte ein Wüsten- oder ein Waldbewohner ist.

» Flexibel: Die Griechische Landschildkröte lebt eigentlich in steinigen Steppen, aber auch in Weinbergen und Wäldern.

Die optimale Raumtemperatur ist die ganz normale Zimmertemperatur. Abends und nachts darf das Thermometer aber nicht ständig über die 20 °C-Marke klettern.
Steht das Terrarium jedoch an einem dunklen Ort, dann muss Tageslicht künstlich erzeugt werden. Nur dadurch wird die Bildung von Vitamin D im Schildkrötenkörper aktiviert. Dieses Vitamin ist insbesondere bei Jungtieren für die Panzer- und Knochenbildung notwendig. Um die Sonne zu simulieren, eignen sich Halogen oder HQL-Lampen mit 50 bis 80 W Leistung. Wichtig: Das Licht muss direkt ins Terrarium scheinen. Fällt es durch eine Glasscheibe, wird die Wirkung drastisch reduziert.
Achten Sie auch auf einen sicheren Standort, denn je nach Größe kann das Terrarium recht schwer werden. Ganz wichtig: Stellen Sie in der Nähe des Standorts keine Geräte wie Musikboxen, Kühlschränke oder Waschmaschinen, denn sie übertragen Vibrationen über den Boden. Auch Zigarettenqualm vertragen Schildkröten schlecht.

Generell gilt jedoch: Der Untergrund muss rau sein, damit die Krallen abgewetzt werden können und eine Höhe von 10 bis 12 cm haben. Gut geeignet ist im Allgemeinen humose Gartenerde. Es empfiehlt sich, die Erde alle zwei Tage anzufeuchten, aber nur dezent: Innerhalb eines Tages sollte der Bodenbelag wieder trocknen können. Empfehlenswerte Alternativen sind Kokosfasersubstrat oder Rindenhumus. Verwenden Sie weder Sand noch Sägespäne, das ist für die Atemwege ungesund.
Zu den wichtigsten Einrichtungsgegenständen gehört ein Versteck für die Nacht. Ferner brauchen Sie eine Futterschale und ein Badebecken, das zugleich als Trinknapf dient. Hier eignet sich ein einfacher Blumenuntersetzer aus Ton. Die Wassertemperatur wird über die Luft erwärmt und sollte 22 bis 25 °C erreichen. Der Wasserstand darf nicht höher als die Mitte des Panzers sein, sonst droht Ertrinkungsgefahr. Ins Becken gehören ein paar Steine oder Wurzeln, an denen sich die Schildkröte einhacken und aufrichten kann, sollte sie beim Planschen auf den Rücken fallen. Die Futterschale muss fest stehen und einen niedrigen Rand haben. Eventuell empfiehlt sich eine Heuraufe.

Schildkröten verstecken sich auch gerne mal im Trockengras.

Achtung: Rand des Wassernapfes und Wasserstand dürfen nicht zu hoch sein.

Damit es dem Bewohner nicht langweilig ist, benötigt er ein wenig Unterhaltung. Deswegen muss das Terrarium so eingerichtet werden, damit die Schildkröte zum klettern, buddeln und zu Erkundungstouren angeregt wird. Mit Steinen, Wurzeln oder Ästen können Sie das Aquarium in einen richtigen Abenteuerspielplatz verwandeln. Aber Vorsicht: Steine und Ähnliches nur so anordnen, dass sie einsturzsicher sind.

Tipp: Verstecken Sie Leckereien im Terrarium! Das hält die Schildkröte auf Trab.

Da die Schildkröte ein Gewohnheitstier ist, dürfen Sie das Terrarium nicht ständig umgestalten.

Pflanzen sind zwar nicht notwendig, sehen aber hübsch aus. Am besten eignen sich robuste Sorten wie die Aloe. Sie können sie einfach im Tontopf ins Terrarium stellen. Decken Sie die Erde jedoch besser mit Steinen ab, damit die Schildkröte sie nicht ausgräbt. Alle Bedingungen müssen an die Bedürfnisse der jeweiligen Art angepasst sein. Die Tipps und Informationen gelten im Wesentlichen für die europäischen Arten wie Griechische Landschildkröte, *Testudo hermanni*. Schildkröten aus Asien oder Afrika brauchen eine spezielle Ausstattung, denn diese Tiere haben meist große Ansprüche in Richtung Luft- und Bodenfeuchtigkeit. Tipps bekommen Sie bei jedem Züchter oder in Internet-Foren.

INFOBOX

Die Schildkrötenhaltung ist nicht ganz billig. Schauen Sie doch mal in den Anzeigen der Fachzeitschriften. Dort erhalten Sie mit ein wenig Glück gebrauchte Terrarien und Zubehör.

>> Das macht Spaß – endlich an die frische Luft!

Freianlage im Garten

Toll, wenn Sie einen Garten haben. Denn Sonne und Auslauf sind die besten Garanten dafür, dass Ihre Schildkröte lange lebt. Einige eingeschworene Schildkrötenfans behaupten sogar, dass ein Freigehege die Grundbedingung sein sollte, um sich eine Schildkröte anzuschaffen. Wie auch immer: Gesund ist die „Sommerfrische" auf jeden Fall.

Da man meist im Garten mehr Platz als in der Wohnung hat, sollten Sie Ihrer Schildkröte so viel Auslauf wie möglich gönnen. Die Mindestgröße für ein Freigehege beträgt zwei Quadratmeter pro Bewohner. Für jede weitere Schildkröte kommt ein weiterer Quadratmeter hinzu. Der Platz muss sonnig und windgeschützt sein. Den ganzen Tag über muss es neben einer sonnigen aber auch eine stark schattige Stelle geben. Außerdem ist ein feuchtes Eckchen notwendig. Als stabile Umfriedung empfehle ich eine hübsche Holzpalisade. Doch Sie können auch Wellkunststoff, glatte Beton-Platten sowie Naturstein verwenden. Zaun oder Maschendraht sind allerdings tabu, weil sich Schildkröten darin strangulieren könnten.

Die Umfriedung muss mindestens 10 bis 20 cm tief im Boden stecken, damit sie nicht untergraben werden kann. Für die Höhe gilt: Die Schildkröte darf das obere Ende nicht mit den Vorderbeinen erreichen, sie klettert sonst hinaus. Bei kleinen Exemplaren (unter 10 cm Panzerlänge) muss das Gehege abgedeckt werden (z. B. mit Draht). Die Winzlinge könnten sonst von Elstern, Füchsen, herumstreunenden Katzen oder auch Mardern geräubert werden.

Der Boden des Geheges wird rund 30 cm tief ausgeschachtet. Dabei muss das Gehege ein Gefälle von circa 5 cm ausweisen. Die obere Ebene liegt in der Sonne. Dort wird das so genannte Frühbeet aufgestellt. Darunter versteht man ein Gewächshaus aus Plexiglasscheiben.

>> Verstecke sind wichtig, sie sollten aber einsturzsicher sein.

Durch den Treibhauseffekt können die Exoten die nasskalten Perioden im April und Mai sowie im September und Oktober unbeschadet im Freigehege überstehen. Das Häuschen sollte eine Grundfläche von rund einen Quadratmeter haben. Fertige Bausätze, die man allerdings in Marke Eigenbau ein wenig ummodeln muss, gibt es im Gartenfachhandel. Den Eingang sägt man mit einer einfachen Säge heraus. Er liegt am Rand des Geheges (vorzugsweise an der Südostseite), dann laufen die Schildkröten von alleine ins Haus.

Der Boden des Frühbeets besteht aus Zementplatten, die mit Sand abgedeckt werden. Füllen Sie außerdem 1/3 der Fläche mit Heu und Stroh auf. So können sich die Schildkröten vergraben.

>> Die perfekte Außenanlage nach dem Frühbeet – Prinzip. Unter den Glasscheiben wärmen sich die Tiere auf, die Schlafplätze sind in den Hang eingearbeitet.

GUT ZU WISSEN

Tipp: Eine automatische Belüftungsmöglichkeit schützt vor Überhitzung. Sollte die Temperatur draußen unter 23 °C fallen, so lässt eine 60 oder 80 W Glühbirne die Quecksilbersäule wieder ansteigen. Fällt das Thermometer nachts unter 12 °C, so müssen die Tiere ins Haus zurück.

Achtung: Tropische Schildkrötenarten dürfen nur ins Freie, wenn es auch wirklich warm ist. Erkundigen Sie sich genau nach den Bedürfnissen Ihrer Art. In einem Gewächshaus brauchen die Tropenbewohner generell eine zusätzliche Heizung.

» Schildkröten brauchen Schatten – auch diese Breitrandschildkröte schützt sich vor der Mittagshitze.

Außerdem müssen den Tieren im Freigehege immer genügend Schattenplätze zur Verfügung stehen, beispielsweise schräg gestellte (und gut abgesicherte!) Steinplatten oder ein Holzhäuschen für die wärmeren Tage. Da können sich die Schildis nicht nur vor der Sonne schützen, sondern auch verstecken und vor Regen Schutz finden. Das Häuschen sollte mit einem Laub-Erde-Gemisch in 30 cm Höhe aufgefüllt werden. Auch gut: Ein abnehmbarer Deckel, dann kann man das Innenleben ab und an kontrollieren. Kleiner Hinweis: Höhlen und andere Schlupfwinkel müssen breit genug sein. Denn Schildkröten sind keine Meister im Rückwärtsgehen.

Ein Überlauf im unteren Teil des Geheges sorgt dafür, dass Regenwasser ablaufen kann. Hier unten befindet sich auch der Swimmingpool. Ein flaches Becken, das aus einer Vogeltränke bestehen kann. Wie im Terrarium so müssen auch in der Openair-Tränke Steine oder Wurzeln liegen, damit sich die Kröte wieder umdrehen kann.

» Ein Blumenuntersetzer aus Ton kann als Mini-Schwimmbad dienen.

Den Futterplatz bildet eine einfache Steinplatte an einem schattigen Platz. So bleiben Gräser, Kräuter und Gemüse auch im Sommer länger frisch.
Die Inneneinrichtung sollte wie beim Terrarium möglichst dem natürlichen Lebensraum entsprechen. Abwechslung bieten Steine, Wurzeln, Baumstämme, halbe Tontöpfe und Äste. Eine gute Idee ist es auch, eine Steinplatte auf einem sonnigen Platz zu deponieren. Sie speichert Wärme. Hügel wiederum eignen sich hervorragend zum Sonnenbaden und bieten zudem Schutz bei einer Überschwemmung.
Die meisten Schildkröten lieben hohe Gräser (keinen Rasen!). Eine gute Idee ist es auch, Kräuter auszusäen. Denn Schildkröten fressen zum Beispiel gerne Vogelmiere, Klee oder Löwenzahn. Ansonsten empfehlen sich klein bleibende Büsche zum Verstecken wie Lavendel, Rosmarin, Erika aber auch Buchsbäume.
In der Freianlage mit Frühbeet und Wärmequelle können die Tiere die Zeit von Ende April bis September draußen verbringen. Der genaue Zeitraum richtet sich nach dem Klima bei Ihnen vor Ort. In Süddeutschland geht es vieler Orten schneller an die frische Luft als in Norddeutschland.

Gefahrenquellen

Zu den größten Todesfallen für Schildkröten gehört übrigens der Gartenteich. Grund: Landschildkröten können nicht schwimmen. Ihr Panzer ist zu schwer und zieht sie in die Tiefe. Erste Hilfe bei einem Ertrinkungsopfer: Halten Sie die Schildkröte mit dem Kopf nach unten und schütteln Sie sie vorsichtig. Auf diese Weise läuft das Wasser hinaus. Abschließend geht es ab zum Tierarzt.

Zu den weiteren Risiken zählt die Überhitzung: Wird es zu heiß und die Schildkröte findet kein kühles Plätzchen, kann sie vertrocknen. **Extra-Tipp:** Besprühen Sie die Anlage an heißen Tagen zusätzlich. Das ist für die Sommerfrischler eine herrliche Abkühlung.

GIFTIGE PFLANZEN

Wer Schildkröten unter Aufsicht frei im Garten herumlaufen lässt, muss darauf achten, dass weder Gummibaum, Oleander, Azaleen oder Osterglocken im Knabberbereich wachsen. Diese Pflanzen sind giftig. Auch Dünger und Zigaretten bekommen ihnen nicht.

Sonnenbad auf der Terrasse oder Balkon

Wer keinen Garten sein Eigen nennt, kann der Schildkröte auch ein Open-Air-Plätzchen auf Balkonien anbieten – vorausgesetzt, Loggia oder Terrasse gehen nach Süden oder Südwesten. Hierfür braucht man eine geeignete Kiste, die sich recht leicht aus Holzlatten basteln lässt. Dabei ist diese Behausung auf einer Längenseite 10 cm tiefer als auf der anderen Seite. Grund: So kann Regenwasser ablaufen, außerdem wirds innen wärmer. Richtmaße: 1,6 bis 2 m Länge sowie 60 cm Breite. Natürlich darf das Balkongehege gerne größer sein. Was die Höhe betrifft, so darf die Schildkröte nicht die Oberkante des Balkongeländers erreichen, sonst besteht Absturzgefahr. Als Abdeckung dienen zwei Plexiglasscheiben. Ist es kalt, werden beide geschlossen. Damit die Bewohner immer genug Luft bekommen, müssen ein paar Luftlöcher von circa 2 cm Breite angebracht werden. Wird es wärmer: Eine Abdeckung aufstellen und die Temperatur im Auge behalten, damit es jetzt nicht zu heiß wird. Dabei sollte man immer die genauen Bedürfnisse der jeweiligen Art beachten. Ist es sehr heiß: Beide Abdeckungen öffnen. Kontrollieren Sie immer mit einem Thermometer das Klima in der Kiste.

Um die Kiste abzudichten, legen Sie diese mit einer wasserdichten Folie aus (optimal: Teichfolie). Die Kanten werden wasserdicht verklebt. Ein paar Löcher im Boden (rund 3 cm Durchmesser) sorgen dafür, dass sich kein Wasser staut. Als Bodenbelag eignet sich 20 cm Blähton, darauf kommt eine Schicht Walderde. Außerdem müssen die Tiere auch in der Kiste unbedingt ein Schattenplätzchen haben, wo sie sich Abkühlung verschaffen können. Und selbstverständlich darf auch diese Behausung nur an einem vor Wind und Zugluft geschützten Standort stehen. Für den Fall, dass es mal stürmen sollte: Abdeckung sichern, damit der Wind sie nicht löst.

» Wenn es heiß wird, freuen sich auch Landschildkröten über eine kühle Dusche.

Pflege

Welche Pflege braucht meine Landschildkröte?

Damit Schildkröten gesund bleiben, muss man sie artgerecht halten und ernähren. Wichtig ist, ihre spezifischen Wärme- und Lichtbedürfnisse (Bei tropischen Arten auch die Ansprüche in puncto Luftfeuchtigkeit) zu erfüllen und alles von ihnen fernzuhalten, was schaden könnte (z. B. Zugluft). Wer dann seine Landschildkröten im Sommer im Freien hält, ihnen ihren wohl verdienten Winterschlaf gönnt und sie regelmäßig beim Arzt durchchecken lässt, wird an diesem Haustier lange seine Freude haben.

Pflegeutensilien

Sie sollten eine Pinzette im Haus haben, um Splitter zu entfernen. Ferner empfiehlt sich der Erwerb einer Zeckenzange.

» Mit der Zeckenzange werden Schildis, wie diese Maurische Landschildkröte, schnell von den lästigen Plagegeistern befreit.

Diese Plagegeister können Ihrer Schildkröte – vor allem im Freigehege – an Kopf-, Vorder- und Hinterbeinen ganz schön zusetzen. Auch Milbenbefall ist möglich. Diese Plage entsteht unter anderem durch feuchtwarmen Bodenbelag. Hier muss das Terrarium gründlich desinfiziert und die Schildkröte behandelt werden. Die genaue Vorgehensweise lassen Sie sich vom Tierarzt erklären und zeigen!

» Lassen Sie sich das Krallenschneiden von einem Fachmann zeigen!

Mit einer speziellen Zange können Sie der Schildkröte die Krallen kürzen, falls sie sich nicht von alleine abnutzen sollten. Eine wichtige Maßnahme, denn sind die Krallen zu lang, kann Ihr Liebling sich die Nägel ausreißen. Auf diese Weise entstehen Entzündungen. Lassen Sie sich die Prozedur aber das erste Mal vom Tierarzt zeigen. Ich habe übrigens gute Erfahrungen mit einem einfachen Trick gemacht. Streuen Sie ein wenig Sand auf Steinplatten. So schleifen sich die Krallen meist ganz von alleine ab.
Auch auf die Hornschneiden im Maul müssen Sie achten. Sie können durch zu weiche, aber auch durch allzu eiweißreiche Nahrung zu lang werden. Ist das der Fall, bekommt die Schildkröte Probleme beim Zerkleinern der Nahrung. Das Abfeilen sollte man ausschließlich dem Tierarzt überlassen. Übrigens: Manche Arten wie Spenglers Erdschildkröte oder **Cyclemys mouhoti** besitzen einen Haken am Oberkörper, der ihnen beim Klettern hilft. Dieser Haken darf nur nach Rücksprache mit dem Tierarzt gekürzt werden!
Den Panzer selbst sollte man in Ruhe lassen und ihn niemals mit einer harten Bürste bearbeiten! Sie können ihn höchstens ab und an mal mit einem feuchten Tuch entstauben. Bitte vergessen Sie nicht, den Panzer anschließend abzutrocknen. Höchste Vorsicht ist bei den Fugen zwischen den Hornschildern angeraten. Sie sind sehr empfindlich.

GUT ZU WISSEN

Wenn Sie Ihren Liebling hochheben müssen, dann umschließen Sie das Tier seitlich mit beiden Händen.

Schaffe ich mir eine oder besser gleich mehrere Schildkröten an?

Wenn Ihnen ein Exemplar genügt, müssen Sie kein schlechtes Gewissen haben. Schildkröten sind von Natur aus Singles und schätzen das Alleinsein sehr. Nur zur Paarungszeit werden sie etwas geselliger. Es gibt aber auch Arten, die generell verträglicher sind als andere. Dazu zählen: Griechische Landschildkröte, Ägyptische Landschildkröte, Köhlerschildkröte und Glattrand-Gelenkschildkröte. Achten Sie immer darauf, dass die Geschlechter harmonieren. Zwei Männchen und ein Weibchen können zum Problem werden. Besser ist es, wenn die Weibchen in der Überzahl sind. Halten Sie jedoch aus Artenschutzgründen keine Männchen und Weibchen verschiedener Arten zusammen. Auch dürfen Landschildkröten sich kein Terrarium mit Sumpf- oder Wasserschildkröten teilen. Während die Landschildkröte ertrinken könnte, vertragen die Kollegen aus dem Wasser den Kot der Landbewohner nicht.

Bedenken Sie: Mit jedem Bewohner wächst das Terrarium. Außerdem braucht jedes Exemplar sein eigenes Versteck und auch der Platz fürs Sonnenbad muss für alle reichen.

TIPP

Sollte ein älteres Exemplar cholerisch auf einen Neuling reagieren, dann verlegen sie den Streithahn 14 Tage auf die Quarantänestation. Kehrt er zurück, hat sich der Neuling eingelebt. Funktioniert es nun immer noch nicht, müssen Sie die Tiere dauerhaft trennen. Die Sommersaison im Freigehege eignet sich für die Eingewöhnung neuer Tiere am besten. Denn dort haben die Tiere mehr Platz, um sich aus dem Weg zu gehen.

Die Winterruhe

Die meisten Schildkrötenarten stammen aus wärmeren Ländern. Doch einige hart gesottene Vertreter dieser uralten Spezies haben sich unserem Klima angepasst. Aber sie überleben den Temperaturabfall nur, weil sie Winterschlaf halten. In dieser Zeit arbeitet der Organismus auf Sparflamme. Stoffwechsel, Atmung, Herzschlag sind reduziert. Zwar können Schildkröten in menschlicher Obhut auch ohne Winterschlaf überleben, doch oft sind sie in der Winterzeit dennoch apathischer als sonst. Außerdem ist der Verzicht aufs ausgedehnte Winternickerchen ungesund. Am besten ist es, Sie gönnen Ihrer Schildkröte die Auszeit und zwar bereits im ersten Lebensjahr!

In freier Natur suchen sie sich selber ein frostfreies Plätzchen und vergraben sich beispielsweise unter Wurzeln. Allerdings sollte man sie in den hiesigen Breitengraden nicht draußen überwintern lassen. Denn bei uns kommt es schon mal zu Bodenfrost.

» **Kann sich der Winterschläfer in der kalten Jahreszeit nicht tief genug eingraben, drohen Frostschäden am Panzer.**

Außerdem könnte ein Nagetier die schlafende Schildkröte anknabbern. Ideale Bedingungen bietet ein ungeheizter, frostfreier Keller. Die Temperatur im Keller darf zwischen 4 bis 8 °C schwanken und maximal 10 °C erreichen. Klettert die Quecksilbersäule gleich für mehrere Tage über die magische Grenze, so wacht der Langschläfer auf. Speicher, Balkon oder Schuppen sind als Platz für das „tierische Energiesparprogramm" definitiv ungeeignet.

» **Schildkröten sind eigentlich Einzelgänger. Manche Arten, wie die Griechische Landschildkröte, kommen jedoch auch gut mit anderen Vertretern ihrer Art aus. Vorausgesetzt: Das Geschlecht passt.**

» Schon müde für den Winterschlaf?

Vier bis acht Wochen vor dem Winterschlaf sollten Sie Ihren Liebling dem Tierarzt vorstellen und seinen Kot untersuchen lassen. Eine wichtige Vorsichtsmaßnahme, denn ein krankes Tier überlebt die lange Starre nicht. Wann es so weit ist, erkennen Sie normalerweise am Verhalten Ihres gepanzerten Hausfreunds – vor allem dann, wenn er sich im Freigehege aufhält. Mitte Oktober, wenn die Lichtintensität nachlässt, verliert er seinen Appetit, wirkt zunehmend apathisch und zieht sich zurück. Bleibt die Schildkröte eine Woche lang in ihrem Versteck, dann sollte sie in die Überwinterungskiste übersiedeln, die Sie bereits vorbereitet haben. Bei Terrarienbewohnern können Sie den natürlichen Rhythmus unterstützen, indem Sie in der Übergangszeit nach und nach Temperatur und Lichtzufuhr drosseln (schrittweise auf vier Stunden). Auch sollten Sie Ihrem Haustier ein bis zwei Wochen vor der Ruhezeit nichts mehr zu fressen geben.

Wichtig: Vor der Einwinterung muss die Schildkröte an zwei bis drei Tagen nacheinander in 24 bis 26 °C warmem Wasser gebadet werden. So entleert sich der Darm. Bevor der Exot ins Winterquartier umsiedelt, müssen Sie ihn wiegen. Das Gewicht ist ein wichtiger Anhaltspunkt, um die Gesundheit des Langschäfers während der Winterruhe zu kontrollieren. (siehe: Die Überwinterungskiste).

CHECKLISTE FÜR DEN WINTERSCHLAF

- **Ausreichende Ernährung mit Mineralstoffen, Vitaminen und UV-Bestrahlung während der aktiven Zeit.**
- **Nur absolut gesunde Tiere überwintern lassen (Kotprobe beim Tierarzt untersuchen lassen; auf Formfestigkeit des Panzers, klare Augen, Nasenausfluss achten).**
- **Langsames Herunterfahren des Futterangebots und der Temperatur.**
- **Vor dem Einwintern den Darm der Schildkröte durch ein Bad in lauwarmem Wasser entleeren.**

Die Überwinterungskiste

Die Überwinterungskiste besteht aus einer lose gezimmerten Holzkiste. Achten Sie bei der Anfertigung darauf, dass große Luftschlitze zwischen den Brettern bestehen bleiben. Mindestgröße: 70 cm Länge, 70 cm Breite und 80 cm Höhe.

Substrat: Die unterste Schicht besteht aus Gartenerde oder Buchenholzhackschnitzel (5 cm Höhe). Darauf kommt 15 cm fast trockenes (nicht dürres) Laub. Alternative: Zuunterst kommt angefeuchtete Gartenerde, darauf dürres Laub und als Letztes eine Schicht Stroh. Als Abdeckung dient einfacher Maschendraht, um Nager wie Ratten aus der Kiste fernzuhalten. Ist alles fertig, müssen Sie die Schildkröte nur noch oben drauf setzen. Sie buddelt sich von allein ein.

Während der gesamten Zeit benötigt der Winterschläfer kein Futter und kein Wasser. Allerdings – und das ist enorm wichtig – müssen Sie einmal pro Woche kontrollieren, ob die Erde noch feucht ist. Falls nötig, feuchten Sie die Erde (nicht das Laub oder Stroh) an, indem Sie ein wenig Wasser in den Ecken am Innenrand der Kiste hinunterlaufen lassen. Das Ergebnis bitte überprüfen. Die Erde darf nur feucht, nicht matschig nass sein. Um sicherzugehen, dass es dem Murmeltier in der Kiste gut geht, wiegen sie es alle fünf Wochen.

Ist das Gewicht okay, setzen Sie Ihre Schildkröte wieder an den gleichen Platz in der Kiste zurück. Nimmt das Tier jedoch insgesamt mehr als 10 % seines Gewichts ab (Bei Jungtieren ist es eine Gewichtsabnahme von bis zu 15 % normal), müssen Sie die Schildkröte wecken. Setzen Sie sie dazu ins Quarantäneaquarium, das in einem Raum mit einer Zimmertemperatur von rund 20 bis 22 °C steht. Warten Sie ab, bis die Schildkröte sich bewegt. Dann geht es gut verpackt zum Tierarzt.

Die Dauer des Winterschlafs ist unterschiedlich. In der Regel sind es vier Monate bis zu einem halben Jahr. Die Länge der Starre hängt von der Tagestemperatur des jeweiligen Heimatlandes ab. Dort fallen die Tiere in Winterstarre, wenn das Thermometer dauerhaft unter 18 °C fällt und wachen auf, wenn die Temperaturen wieder über 20 °C klettern. Nach der Winterruhe sollte die Temperatur im Terrarium während der ersten Tage 15 bis 18 °C betragen. Dann werden die Spots eingeschaltet. Wenn die Langschläfer sich aufgewärmt haben, kommen sie in den Genuss eines warmen Bades (10 bis 20 Minuten lang bei 25 °C). Die Beleuchtung wird nun langsam von acht auf zwölf Stunden gesteigert. Es ist übrigens ganz normal, wenn das Tier erst nach einer Woche frisst.

Alternativquartier ist das Gemüsefach im Kühlschrank. Für alle Schildkrötenfreunde, die keinen geeigneten Keller haben, ist das die sicherste Methode, die Tiere heil über den Winter zu bekommen. Der Kühlschrank muss eine Temperatur von 4 bis 6 °C haben. Substrat: leicht feucht Gartenerde, vermischt mit Kokosfasern, darüber Buchenlaub. Einmal pro Woche den Kühlschrank öffnen, damit frische Luft hineinströmt.

» Die Waage ist ein gutes Kontrollinstrument, um zu sehen, ob Ihr Liebling die Winterruhe gut übersteht.

Ein erprobter Pflegeplan

Damit Ihre Schildkröte rund herum gesund ist, müssen viele Arbeitsschritte erledigt werden. Einige fallen täglich an, andere nur alle paar Wochen.

SÄUBERUNG- UND PFLEGEPLAN

Täglich:

Badebecken säubern, Wasser wechseln.
Da Schildkröten gerne ins Badebecken koten, muss das Wasser gegebenenfalls noch öfter gewechselt werden.

Altes Futter entfernen und Futterstelle reinigen.

Harn und Kot mit kleiner Schippe aus dem Terrarium oder Gehege entfernen.

Füttern und dabei immer drauf achten, dass die Tiere lebhaft sind und mit gutem Appetit fressen.

Wärme und Beleuchtung kontrollieren.

Alle acht Wochen:

Gesamtes Substrat erneuern und sämtliches Zubehör unter warmem Wasser reinigen. Sollte es bereits vorher unangenehm riechen, müssen Sie die „Generalüberholung" dementsprechend früher durchführen.

» Urlaub? Kein Problem. Hauptsache, die Daheimgebliebenen werden gut versorgt.

Schildkröte auf Urlaub?

Wenn Sie sich auf die Technik verlassen können und die Schildkröte ausreichend mit Wasser und Futter versorgen, dann dürfen Sie sie schon mal ein Wochenende allein lassen. Wollen sie dagegen längere Zeit verreisen, dann brauchen Sie einen „Schildkröten-Sitter". Denn Schildkröten sind Gewohnheitstiere und so empfindlich, dass man sie nicht mit in den Urlaub nehmen kann. Optimal wäre ein anderer Schildkröten-Halter.

TIPP – PFLEGEGEMEINSCHAFTEN

Ich selbst habe andere Profis von meinem Wohnort auf Messen oder in Internet-Foren kennen gelernt. Jetzt wechseln wir uns bei der Betreuung ab.

Finden Sie keinen Experten, dann müssen Sie jemanden anlernen. Erklären Sie dem Sitter genauestens, welches Futter das Tier braucht, wie die Technik funktioniert, woran man Defekte erkennt, wie diese zu reparieren sind und wo sich der Sicherungskasten befindet. Beschreiben Sie dem Betreuer ferner, wie sich die Schildkröte normalerweise verhält. Erklären Sie ihm auch, woran man erkennt, dass die Schildkröte kränkelt.

TIPP

Neben der mündlichen Erklärung und Vorführung, sollten Sie alle Punkte noch einmal für Ihre Urlaubsvertretung aufschreiben.

Hinterlegen Sie für den Notfall ferner Ersatzzubehör (z. B. Glühbirnen oder Lampen) und hinterlassen Sie die Adresse des Zoofachgeschäfts für Nachfragen sowie die Telefonnummer des Tierarztes. Auch Ihre eigene Urlaubsadresse und Handynummer gehören auf den Notfallzettel. Stehen besonders heikle Zeiten wie die Eiablage oder die Winterruhe bevor, so dürfen Sie Ihre Lieblinge nur einem Profi überlassen! Am besten wäre es, ein unerfahrener Urlaubs-Sitter betreut Ihr Tier ein paar Tage lang auf Probe unter Ihrer Aufsicht. So lassen sich Fehler und Gefahrenquellen risikolos vermeiden.

Den Panzer sollte man mit einer weichen Bürste bearbeiten! Sie können ihn auch ab und an mal mit einem feuchten Tuch entstauben.

Verhalten

So verstehe ich meine Schildkröte

Da sie zu den stillen Bewohnern der Erde gehört, kann Sie sich nicht äußern. Ihnen als Schildkrötenpfleger bleibt also nichts anderes übrig, als sie zu beobachten. Anhaltspunkte gibt es genug:

Hat die Schildkröte den Kopf weit nach vorn gestreckt, ist sie neugierig und wittert vielleicht Futter. Das tut sie im Übrigen über ihr ausgeprägtes Riechorgan.

Streckt der Exot unter der Lampe alle Viere von sich und legt sich mit vorgereckten Kopf flach auf den Boden, dann ist das normal. Verharrt er jedoch mehrere Stunden in der Position, müssen Sie überprüfen, ob er noch lebhaft reagiert.

Läuft die Schildkröte permanent an der Wand ihrer Behausung entlang, dann fühlt sie sich vermutlich in ihrem Heim nicht wohl und möchte am liebsten ausbüchsen. Bieten Sie dem Haustier ein abwechslungsreicheres Umfeld!

Wenn Ihr gepanzerter Liebling ständig gräbt, buddelt, dann handelt es sich eventuell um ein Weibchen, das Eier ablegen möchte. Wie? Sie besitzen nur ein Tier? Auch dann ist dies möglich. Es gibt Schildkrötendamen, die können den einmal empfangenen Samen nach der Paarung speichern und noch vier Jahre danach befruchtete Eier legen. Tragen Sie in jedem Fall Sorge dafür, dass das Tier einen geeigneten Platz dafür bekommt (siehe Kapitel: Zucht – Die Eiablage).

Umkreist ein Männchen ein Weibchen, beißt ihm in die Beine und rempelt es womöglich sogar an, dann ist vermutlich Balzzeit. Auch wenn eine Schildkröte mit den Vorderbeinen Steine und Ähnliches besteigt, handelt es sich wahrscheinlich um ein paarungswilliges Männchen. Rangelt ein Männchen mit einem Geschlechtsgenossen, dann finden Revierkämpfe statt. In der Paarungszeit können Männchen ihren Konkurrenten gegenüber besonders ungemütlich werden.

» Beim Halten mehrerer Tiere kommt es öfter mal zu einer Rangelei.

» Bei den beiden Raufbolden handelt es sich um Männchen.

Wirkt Ihr Hausbewohner apathisch, isst nicht mehr und vergräbt sich womöglich in einer Ecke, könnte die Winterruhe bevorstehen (siehe Kapitel: Pflege – Die Winterruhe). Passt sein Verhalten nicht zur Jahreszeit – ab zum Tierarzt.

TIPPS FÜR DIE ZÄHMUNG

Sie sehen zwar aus, als kämen sie von einem anderen Stern. Aber Schildkröten sind gelehrige Schüler und können handzahm werden. Allerdings sind auch Schildkröten Persönlichkeiten – manche bleiben immer scheu.

Nicht wenige Exemplare aber eilen nach einer Zeit auf Zuruf herbei. Allerdings hören sie nicht besonders gut und reagieren eher auf die tiefen Töne.

Sie lassen sich besonders gerne blicken, wenn Sie sie mit frischem Futter locken. Einige sehr zutrauliche Exemplare kommen nach einer Weile sogar bis auf Ihre Handfläche. Passen Sie aber bitte beim Füttern ein wenig auf. Schildkröten können den Menschen zwar aus weiter Entfernung erkennen, aber sie sind weitsichtig. Deswegen sehen sie auf kurze Distanz schlecht und beißen eventuell völlig unabsichtlich in Ihre Finger statt ins Futter.

Tipp:
Kraulen Sie zutrauliche Schildkröten zwischen Hals und Vorderbeinen. Schildkröten lieben das!

Kraulen ist herrlich – das findet zumindest diese Maurische Landschildkröte, *Testudo graeca ibera*.

Ernährung und Ernährungsgrundsätze

» Auch das Gras im Außengehege schmeckt gut und ist obendrein gesund.

Gesunde Ernährung

Verwöhnen Sie Ihre Schildkröte nicht zu sehr! Wenn Sie Ihr bestimmte Leckereien geben, dann wird sie alles andere verschmähen. Und was auf Menschen zutrifft, gilt auch für Schildkröten: Nicht immer ist gesund, was gut schmeckt. Bei falscher Ernährung kommt es zu Mangelerscheinungen, das Tier verfettet womöglich. So lieben Schildkröten in Milch eingeweichtes Brot, Milchreis oder Quark. Doch diese Nahrungsmittel sind ungesund. Falsche Ermährung (dazu gehören auch Süßigkeiten, Katzen- oder Hundefutter) führt auf Dauer zu Schäden, die oft tödlich enden.

Die exakte Ernährung muss der jeweiligen Art angepasst sein, aber es gibt Grundsätze, die generell gelten. Auf den allgemeinen Schildkröten-Speiseplan gehört nahezu ausschließlich pflanzliche Kost, kein Fett und nichts Tierisches. Wichtig ist faserreiche frische Nahrung. Schon vor Ihrer Haustür wachsen einige Gaumenfreuden wie Gras, Klee oder Löwenzahn. Sammeln Sie das Schildkrötenfutter aber niemals von Wiesen, die mit Unkraut- oder Insektenvertilgungsmitteln behandelt wurden oder von abgasbelasteten Straßenrändern.

Sepiaschalen versorgen Schildkröten mit Kalk – einem wichtigen Baustein für Knochen und Panzer.

Futterzusätze – ja oder nein?

Ist die Ernährung abwechslungsreich, dann erhält die Schildkröte genug Mineralien und Spurenelemente. Kommt sie außerdem in den Genuss der Freilandhaltung, sind normalerweise auch keine zusätzlichen Vitamingaben notwenig. Im Gegenteil: Sie könnten dann eher zu schädlichen Überdosierungen führen. In besonderen Lebenslagen brauchen Schildkröten jedoch eine Extra-Portion Kalk.

Jungtiere benötigen Kalk für das Knochen- und Panzerwachstum, Weibchen für die Bildung der Eier. Am besten ist es, sie mischen die geriebene Schale eines gekochten Hühnereis unter das Futter. Ersatzweise gibt es Präparate wie Sepiaschalen oder Pulver im Fachhandel. Wichtig ist die zusätzliche Kalkgabe auch, wenn Sie phosphorreiche Nahrungsmittel wie Bananen, Tomaten oder auch Pfirsiche verfüttern. Wenn Ihre Schildkröte zu viel Phosphor zu sich nimmt, kann sie an Rachitis (Panzererweichung) erkranken. Kalk wiederum verhindert die Entstehung von Rachitis. Jungtiere können ebenfalls zusätzliche Vitamin-D-Gaben gebrauchen. Um gefährliche Überdosierungen zu vermeiden, dürfen Sie Vitaminpräparate nur in Absprache mit dem Tierarzt verabreichen.

CHECKLISTE FÜRS FÜTTERN

Zweimal täglich füttern: vormittags und nachmittags (nicht während der Winterruhe)

Abwechslungsreiche, frische Kost

Bei Futtervorlieben:
Futterwechsel langsam vornehmen, unter das bevorzugte Futter immer größere Anteile des neuen Futters mischen

Trick: Schneiden Sie alles klein, dann ist die Schildkröte unfähig zu wählen.

Bei Bedarf zusätzliche Kalkgaben

Pflanzenkost niemals direkt aus dem Kühlschrank verfüttern. Sie muss immer Zimmertemperatur haben.

Spätestens nach einem Tag muss man die Futterreste entfernen.

Täglich frisches Trinkwasser

So füttern Sie Ihre Schildkröte richtig

Sie sind leider richtige kleine Vielfraße und schluckenn mehr herunter, als ihnen gut tut. Anhaltspunkt: Füttern Sie nur die Menge, die eine Schildkröte binnen zehn Minuten verspeist. Sind Sie unsicher, so nehmen Sie eine regelmäßige Gewichtskontrolle vor. Gemüse, Salate und Obst vor dem Verfüttern immer waschen. Servieren Sie Ihrem Liebling Obst nur einmal wöchentlich (nur reife Früchte, die vorher entkernt wurden). Schildkröten lieben zwar Obst, doch wenn sie zu viel davon essen, werden Gärungsprozessen im Darm in Gang gesetzt. Eine gefährliche Sache, denn dadurch vermehren sich Parasiten.

» Mit gesundem Futter bleibt auch die Schildkröte wohlauf.

» Zu dick oder zu dünn?
Die Waage gibt Auskunft.

» Kopfsalat schmeckt den Schildis super
– aber bitte nur gewaschen.

Das Futter

Fertigfutter ist zwar praktisch, enthält jedoch viele Proteine und Fette. Dadurch wachsen die Tiere zu schnell, mit der Gefahr, dass Missbildungen entstehen. Am besten ist eine Ernährung, die der natürlichen Lebensweise der Landschildkröten entspricht.

Und das sollte von April bis Oktober hauptsächlich auf der Speisekarte stehen: Gräser (sie bilden den Hauptbestandteil der Nahrung), frische Wiesen- und Gartenkräuter, Blätter (von allen zartblättrigen Laubbäumen) sowie Heu. Gemüse und ab und an auch ein wenig Obst ergänzen den Speiseplan. Blüten wie Gänseblümchen, Butterblumen oder die Blüten vom Löwenzahn gehören übrigens zu den besonderen Gaumenfreuden.

Schildkröten sind zwar vorwiegend Vegetarier, doch verachten sie ab und zu auch mal eine Schnecke, einen Wurm oder ein Insekt nicht. So wird ihr geringer Bedarf an tierischem Eiweiß gedeckt. Alternative: Alle 14 Tage ein halbes, gekochtes Eiweiß. Geben Sie Ihrer Schildkröte niemals Frischfleisch, Hunde- oder Katzenfutter. Quellen die Hautfalten Ihrer Schildkröte beim Einziehen der Beine aus dem Panzer heraus, haben Sie es zu gut gemeint. Da hilft nur eine Diät: Reduzieren Sie die Futtermenge um 30 bis 40 % und zwar so lange, bis der Speck weg ist.

TIPP FÜR BERUFSTÄTIGE

Wenn Sie nicht jeden Tag Zeit haben, um auf den Markt zu gehen, dann können Sie das Schildkröten-Vollwertfutter auch einfrieren.

DAS DÜRFEN SIE ALLES FÜTTERN

Aus der Natur:
Gräser, Vogelmiere, Löwenzahn, Wilde Malve, alle Wegerichsorten, Brennessel, Bärenklau, Weißklee, Luzerne, Huflattich, Habichtskraut, Löwenzahn, Fette Henne, Giersch, Kerbel, Schafgarbe sowie ganz gewöhnliche Küchenkräuter wie Dill und Petersilie.

Gemüse und Salate:
Gurken, Möhren, Radieschen, Bohnen, Paprika, Kohlrabi, Erbsen, Chinakohl, Mangold, Klatschmohnblüten, Rettich, Grünkohl, Römersalat, Endivien, Radicchio, Rucola, Chicoree, Romana, Kresse und Tomaten (hier an Kalk denken!).

Obstsorten:
Apfel, Birne, Melonen, Kirschen, Pflaumen, Erdbeere, Mirabellen oder Himbeeren, Johannisbeeren.

Auch Banane und Pfirsich, aber wie Tomate nicht zu oft und wenn, dann mit einer Extraportion Kalk.

Auch Weinlaub im Herbst sowie das Kraut von Karotten, Kohlrabi und anderen Gemüsesorten zählen zu den Leckerbissen – und natürlich blattreiches Wiesenheu.

Ein Gaumenschmaus für die Tiere: Möhren

Rassen- und Artenportraits

Es gibt viele Arten von Landschildkröten. Die beliebtesten habe ich für Sie aufgelistet.
Sie alle haben Gemeinsamkeiten in Haltungs- und Pflegebedürfnissen, aber auch spezielle Besonderheiten.
Achtung: Die angegebene Temperaturobergrenze darf höchstens sechs Stunden pro Tag erreicht werden.

Griechische Landschildkröte
Testudo hermanni

Größe: bis 20 cm

Herkunft: Griechenland und Balkanländer

Ursprünglicher Lebensraum:
Steppe mit Steinen und Sträuchern, aber auch Graslandschaften, Obstgärten und Olivenplantagen, Weinberge und offene Wälder

Haltung:
Terrarium und Freianlage (Juni bis August, mit Frühbeet Mai bis September)

Temperatur: 26 °C tags, 18 °C nachts

Winterruhe: ja

Besonderheiten:
Die Griechische Landschildkröte ist die beliebteste Art. Mein Tipp: Die Ostrasse ist einfacher in Haltung und Pflege als die Westrasse.

Breitrandschildkröte
Testudo marginata

Größe: bis 30 cm

Herkunft: Südgriechenland

Ursprünglicher Lebensraum:
Sonnige Hänge, die dicht mit Gras bewachsen sind, aber auch mit Sträuchern, die Schatten spenden

Haltung:
Terrarium und Freianlage (Juni bis August, mit Frühbeet Mai bis September)

Temperatur: bis 26 °C tags, 18 °C nachts.

Winterruhe: ja

Maurische Landschildkröte
Testudo graeca

Größe: um 30 cm

Herkunft:
Südeuropa, auch Libyen, Marokko sowie Iran

Ursprünglicher Lebensraum: steinige Steppe

Haltung:
Terrarium und Freianlage (Juni bis August, mit Frühbeet Mai bis September)

Temperatur: bis 26 °C tags, 18 °C nachts

Winterruhe:
Je nach Herkunft braucht sie keinen Winterschlaf. Einige Exemplare halten Sommerruhe.

Besonderheiten:
Die nordafrikanischen Arten sind anspruchsvoller in der Pflege als die Tiere aus Südeuropa und Asien.

Vierzehen- oder Russische Landschildkröte
Testudo horsfieldii

Größe: 20 cm

Herkunft:
Kaspisches Meer bis Westchina, Iran, Afghanistan und Pakistan

Ursprünglicher Lebensraum:
lehmige Wüsten, Steppen oder Grasflächen in der Nähe von Oasen oder Flusstälern, auch im Gebirge

Haltung:
Terrarium und Freianlage (Juni bis August, mit Frühbeet Mai bis September)

Temperatur: bis 26 °C tags, 18 °C nachts

Winterruhe: hält Sommer- und Winterschlaf

Besonderheiten:
Wie der Name schon andeutet, hat diese Art nur vier Zehen. In der Überwinterungskiste benötigt sie trockene Erde. Außerdem weist diese Art einen ausgeprägten Bewegungsdrang auf und gräbt gerne lange Gänge, um sich täglich zu verstecken. Diese Exemplare sind in Haltung und Pflege sehr anspruchsvoll und daher eher für Profis geeignet.

Glattrandgelenkschildkröte
Kinixys belliana

Größe: bis 20 cm

Herkunft:
Mittel- und Südafrika, auch Madagaskar

Ursprünglicher Lebensraum:
Savannen mit Sand- und Kiesboden, nur vereinzelt Gräser und Büsche, lebt aber auch in tropischen Wäldern

Haltung:
Terrarium und Freianlage (Juni bis August, aber nur bei schönem Wetter)

Temperatur: bis 30 °C tags, 20 °C nachts

Winterruhe: ja (bis auf wenige Ausnahmen)

Besonderheiten:
Diese Art kann den hinteren Teil des Panzerns durch ein spezielles Gelenk verschließen. Sie benötigt außerdem eine hohe Luftfeuchtigkeit von 70 bis 80 %. Deshalb muss die Glattrandgelenkschildkröte im Sommer täglich besprüht werden. Sie eignet sich nur für Profis.

Stutzgelenkschildkröte
Kinixys homeana

Größe: bis 20 cm

Herkunft: Westafrika

Ursprünglicher Lebensraum:
tropischer Regenwald mit laubreichem Boden

Haltung:
Terrarium mit tropischem Klima (die Luftfeuchtigkeit muss über 90 % liegen). Damit der Boden nicht schimmelt ist eine gute Lüftung notwendig. Eine Ecke sollte schön feucht sein, damit sich der Exot darin verkriechen kann.

Temperatur: bis 30 °C tags, 24 °C nachts

Winterruhe: keine

Besonderheiten:
Auch die Stutzgelenkschildkröte kann den hinteren Teil des Panzerns durch ein spezielles Gelenk verschließen. Diese Art eignet sich nur für Profis.

Schmuck-Dosenschildkröte
Terrapene ornata

Größe: bis 15 cm

Herkunft: USA

Ursprünglicher Lebensraum:
sandiges Grasland mit Sträuchern in der Nähe von Gewässern

Haltung:
Terrarium und Freianlage (Juni bis August)

Temperatur: bis 28 °C tags, 18 °C nachts

Winterruhe: ja

Besonderheiten:
Die Schmuck-Dosenschildkröte ist morgens und abends aktiv. Dosenschildkröten haben so genannte Scharniergelenke, mit denen sie den Panzer komplett verschließen können. Diese Art eignet sich nur für Profis.

Karolina-Dosenschildkröte
Terrapene carolina

Größe: 10-21 cm, es gibt vier Unterarten.

Herkunft: USA

Ursprünglicher Lebensraum:
feuchte Wiesen und Wälder

Haltung:
Terrarium und Freianlage (Juni bis August)

Temperatur: bis 28 °C tags, 18 °C nachts

Winterruhe: ja

Besonderheiten:
Auch die Karolina-Dosenschildkröte ist morgens und abends aktiv. Dosenschildkröten haben so genannte Scharniergelenke, mit denen sie den Panzer komplett verschließen können. Diese Art eignet sich nur für Profis.

Köhlerschildkröte
Testudo carbonaria

Größe: bis 45 oder 60 cm

Herkunft: Südamerika

Ursprünglicher Lebensraum:
trockene Ebenen mit Grasbewuchs, aber auch offene Regenwälder

Haltung:
Terrarium und Freilandhaltung vom April bis September (aber nur im beheizbaren Gewächshaus). Das Gehege muss mindestens 2 x 4 m groß sein und ein ausgedehntes Badebecken bieten. Benötigt um die 70 % Luftfeuchtigkeit. Deswegen muss der Exot morgens ausgiebig mit Wasser besprüht werden. Substrat: lockerer, leicht feuchter Mutterboden

Temperatur: tags 25-28 °C, nachts 20-22 °C

Winterruhe: keine

Besonderheiten:
Diese Art braucht aufgrund der Größe viel Platz.

Ägyptische Landschildkröte
Testudo kleinmanni

Größe: bis 14 cm

Herkunft: Nordafrika

Ursprünglicher Lebensraum: Wüste

Haltung:
nur im Terrarium mit mehreren Wärmequellen, Substrat: Lehm oder Mutterboden, benötigt mehr als 60 % Luftfeuchtigkeit; deswegen muss der Exot morgens mit Wasser besprüht werden.

Temperatur: tags im Sommer bis 45 °C (und trocken), nachts unter 18 °C

Winterruhe: nein, aber Sommerruhe

Besonderheiten:
Die Ägyptische Landschildkröte darf weder Klee noch Löwenzahn noch Obst fressen, dafür Pflanzenkost und Heu. Diese Art ist aufgrund der großen Temperaturschwankungen und der heiklen Fütterungsansprüche nur für Profis geeignet.

Anatomie

Panzer
Harte Schale, weicher Kern: Droht Gefahr, zieht sich die Schildkröte in ihren Panzer zurück. Einige Schildkröten-Arten können ihren Panzer dank besonderer Scharniere sogar komplett verschließen. Doch unverwundbar sind sie nicht. Der Panzer besteht zum großen Teil aus lebendem Material. Ein Gebilde aus Knochenplatten, die mit der Wirbelsäule und den Rippen verwachsen sind. Empfindsamster Teil dieser Rüstung ist die Knochenhaut. Schon kleinste Verletzungen können zu Entzündungen des filigranen Gewebes führen. Die Fugen zwischen den Hornschilden zählen zu den besonders sensiblen Zonen.

Schnabel
Die versteinerten Schildkröten aus der Vorzeit hatten noch richtige kleine Zähne. Ihre Nachfahren müssen nicht mehr zum Zahnarzt. Sie haben zum Zermalmen der Nahrung so genannte Hornschneiden.

Beine
Mit den stämmigen Hinterbeinen richtet sich die Schildkröte auf (zum Koten oder zur Paarung). Mit den Vorderbeinen wird gegraben. An jedem Fuß sitzen vier oder fünf Krallen – je nach Alter und Art.

» **Von Zeit zu Zeit sollte man die Krallen stutzen, sonst kann sich die Schildkröte selbst verletzen.**

Lungen
Schildkröten atmen durch Lungen. Beim Luftholen leisten allerdings die Vorderbeine Unterstützung. Werden sie nach vorne ausgestreckt, füllen sich die Lungen, werden sie eingezogen, wird die Luft aus den Lungen gepresst.

>> Landschildkröten sind das ideale Haustier für Allergiker. Es ist nachgewiesen, dass die gepanzerten Kameraden keine allergischen Reaktionen auslösen.

Meine gesunde Landschildkröte

Gesunde und kranke Schildkröten

Auch für Schildkröten gilt: Vorsorge ist besser als Nachsorge. Optimale Prophylaxe ist artgerechte Haltung und Ernährung. Denn die Hauptursachen der meisten Krankheiten sind Pflegefehler.

Gesundheitsvorsorge

Haustiere sind nicht so robust wie Wildschildkröten – warum? Weil sie unter anderem unter Stresssituationen leiden, die es in der Natur nicht gibt. Sie machen die empfindsamen Mitbewohner anfällig für Krankheiten.

Wichtigste Regel ist: Vermeiden Sie Zugluft. Sorgen Sie für artgerechte Wärme- und Lichtzufuhr. Auch Unsauberkeit im Terrarium setzt den Reptilien mächtig zu. Feuchter Sand und Planschbecken sind Brutstätten für Amöben, Würmer und Bakterien aller Art, die von den Tieren ausgeschieden werden. In der Natur würden sie den Parasiten wahrscheinlich nie mehr begegnen. In einem unsauberen Terrarium leider schon. Das Problem: Die Schildkröten nehmen die Erreger beim Fressen oder Trinken wieder zu sich.

Um das zu vermeiden, muss das Badebecken täglich geschrubbt und frisches Wasser nachgefüllt werden. Um den Boden in der unmittelbaren Umgebung des Planschbeckens trockenzuhalten, empfehlen sich Steinplatten. Befindet sich Sand in der Nähe des Beckens, so muss dieser alle vier bis acht Wochen erneuert werden. Je nach Grad der Verschmutzung auch öfter. Den Kot (wie in der Gesundheitscheckliste für den Kauf beschrieben) zweimal im Jahr vom Tierarzt untersuchen lassen.

Wann muss meine Schildkröte zum Tierarzt?

Schildkröten schreien und jammern nicht. Deswegen muss man sie beobachten, wenn man wissen will, wie es ihnen geht. Anlass zur Sorge geben Trägheit sowie Appetitlosigkeit – außer die Winterruhe steht bevor. Ein weiteres Signal für eine mögliche Krankheit ist breiig-schleimiger Kot. Befindet sich Blut im Kot, ist Alarmstufe Rot. Sehr empfindlich sind auch die Atmungsorgane: 30 % aller Landschildkröten in menschlicher Obhutsterben an Erkrankungen der Atmungsorgane.

Im Folgenden stelle ich Ihnen die häufigsten Krankheiten vor, beschreibe die ersten Symptome, das Krankheitsbild und die mögliche Ursache. Alle kranken Tiere gehören, auch bei Einzelhaltung, sofort auf die Quarantänestation – und zwar selbst dann, wenn nur ein leiser Verdacht besteht. Halten Sie hierfür eine kurze Rücksprache mit dem Arzt (eventuell telefonisch). Wichtig: Das Hauptterrarium muss so schnell wie möglich gereinigt und desinfiziert werden. Und: Das Quarantäne-Terrarium muss noch pingeliger sauber gehalten werden als das normale Terrarium. Achten Sie auch darauf, dass sich der Patient dort nicht zu lange unter der Wärmequelle aufhält. Manchmal können Sie Ihren Liebling selbst behandeln, meist jedoch müssen Sie ihn sofort zum Arzt bringen.

Aber auch wenn Ihre Schildi gesund ist, sollten Sie ihr Tierchen zweimal im Jahr beim Tierarzt auf Parasiten untersuchen lassen. Nehmen Sie dazu auch jedes Mal eine Kotprobe mit.

» So testen Sie, ob Ihre Schildkröte verdächtige Lungengeräusche von sich gibt. Wenn ja, müssen Sie dringend den Tierarzt aufsuchen!

KRANKHEITSMERKMALE UND IHRE URSACHEN

Geschwollene Lider, Augenentzündung:	Fremdkörper, Zugluft
Trübung der Hornhaut, Hornhautschaden:	Bestrahlungsdauer zu lang, UV-Strahler zu nahe am Tier
Totale Linsentrübung, Erblindung:	Sie müssen Ihre Schildkröte mit der Hand füttern, weil sie das Futter nicht mehr findet.
Lethargie, Panzer wird weich, Blutung, Nahrungsverweigerung:	Vitamin-D-Vergiftung, falsche Dosierung der Futterzusätze
Apathie, Atemnot, pfeifender Atem, Nasensekret, Lungenentzündung, Schnupfen:	oft Zugluft
Verstopfung, Apathie, Futterverweigerung:	Stoffwechselprobleme, zu kalt/dunkel, andere Krankheiten
Futterverweigerung, abgemagertes Tier:	Verletzungen, Darmentzündungen, Parasiten

» Durch zu weiche Nahrung hat diese Griechische Landschildkröte einen Überbiss des Unterkiefers bekommen. Sie muss dringend zum Tierarzt, der kürzt den Schnabel.

eiweißreich	
Abmagern, breiiger Kot, Würmer, Durchfall:	unsauberes Terrarium, falsche Nahrung, zu kalt, Wurmbefall
Flecken auf dem Panzer:	Pilzinfektion, die Umgebung ist zu feucht.
Wunden im Panzer durch Biss, Unfall:	Infektion des Gewebes (bei schwereren Schäden kann sich Knochenhaut entzünden)
Sonstige Hautwunden:	Bisse, Milben und Zecken
Verbrennung:	zu tief hängende Wärmestrahler
Krallen bluten, Nagel ausgerissen:	falscher Untergrund, zu lange Krallen
Weibchen setzt Legetätigkeit aus, keine Wehen mehr, Legenot:	zu große Eier, zu enger Geburtsweg, Calcium- oder Hormonmangel, findet keinen Legeplatz
Bein nachziehen:	Nervenschädigung
Geschwollene Gelenke:	Gicht, Blasen- und Nierensteine, zu wenig Flüssigkeit
Panzer weich:	zu wenig Licht, bei Jungtieren: zu wenig Calcium, Überdosierung Vitamin D3
Harnveränderung:	Flüssigkeitmangel
Verstopfung:	Mineralstoffmangel

Notfallapotheke

Bei Landschildkröten ist die Notfallapotheke wenig bestückt, da man eigentlich fast immer zum Arzt muss. Allerdings: Erkundigen Sie sich vor dem Ausbruch einer Krankheit beim Züchter oder Händler nach einem reptilienerfahrenen Tierarzt. Auskunft darüber gibt unter anderem die DGHT.

GUT ZU WISSEN

Tipp:
Einigen Wehwehchen können Sie mit gezielter Ernährung vorbeugen. Füttern Sie Ihren Liebling mit Heilkräutern, die sind lecker und gesund. Manche Pflanzen wirken entzündungshemmend und antibakteriell, andere krampf-lösend oder harntreibend. Spitzwegerich hat beispielsweise einen antibiotischen Effekt, Beifuß regt den Appetit an, Gänseblümchen lindert Erkältungen und Löwenzahn tut dem Magen gut.

Mein Tipp:
Bärlauch, Knoblauch und auch Beifuß leisten traditionell gute Dienste bei Entwurmungen. Erkundigen Sie sich am besten einmal bei einem Tierheilpraktiker. Empfehlenswerte Adressen nennt Ihnen die Deutsche Gesellschaft der Tierheilpraktiker und Tierphysiotherapeuten, Husemannstr. 25-27, 45879 Gelsenkirchen, Tel. 0209-201313. Eine Liste von Tierärzten, die sich auf Naturheilverfahren spezialisiert haben, schickt Ihnen der Zentralverband der Ärzte für Naturheilverfahren (ZÄN) zu. Adresse: Am Promenadenplatz 1, 72250 Freudenstadt. Der Service ist kostenlos, legen Sie aber Euro 2,80 in Briefmarken bei.

Krankheiten (alphabetisch)

Atemnot

Normalerweise geben Schildkröten keinen Mucks von sich. Sollten sie aber beim Atmen schnarchen oder fiepen, dann leiden sie unter Atemnot. Ein weiteres typisches weiteres Anzeichen dafür ist: Die Schild-kröte hat das Maul weit geöffnet, streckt ihren Hals vor und senkt zwischendurch müde den Kopf. In diesem Fall müssen Sie unverzüglich zum Tierarzt. Nur der Spezialist kann die Ursache feststellen. Denn Atemnot ist ein Symptom für viele körperliche Probleme. Die Palette reicht von Verstopfung über Legenot bis hin zu Lungenentzündung, Blasen- Nieren-, Magen-, Darm- und Herzkrankheiten. Bei Belag im Mund handelt es sich womöglich um eine Pilz-, Bakterien- oder um eine Herpesinfektion, die oft tödlich verläuft. Bitte beachten: Der Patient darf in diesem Zustand nicht erwärmt werden. Der Gang zum Tierarzt ist unvermeidbar.

Wenn Sie das Verhalten Ihrer Schildkröte richtig deuten können, lassen sich Krankheiten früher behandeln.

Atemwegserkrankungen

Auslöser gibt es viele: Die Abwehrkräfte können aufgrund einseitiger Ernährung geschwächt sein. Dann erkältet sich der wärmeverwöhnte Exot leicht. Trockene Heizungsluft führt häufig zu chronischem Schnupfen. Noch gefährlicher ist Zugluft oder plötzliche Kälte, die den Tieren zusetzt, beispielsweise wenn sie nach dem warmen Bad nicht abgetrocknet werden. Auch zu große Temperaturunterschiede im Freilandgehege lösen bei der Schildkröte häufig eine Erkältung aus. Anzeichen: rasselnder Atmen bei weit geöffnetem Maul, Bläschen an Rachen und Mund, verschleimte Nase. Weiteres Problem: Die Erkältung kann sich zu einer Lungenentzündung ausweiten. Sofort zum Tierarzt!

Augenkrankheiten

Schau mir in die Augen Kleines: Hat Ihr vierbeiniger Freund geschwollene, verklebte Augenlider, dann handelt es sich vermutlich um eine Augenentzündung. Diese kann durch Zugluft oder Verletzungen ausgelöst werden. Ist die Hornhaut getrübt, kann ein Hornhautschaden die Ursache sein. Keine Angst: Dieser ist meist heilbar. Möglicherweise war die Bestrahlungsdauer zu lang oder der Abstand zum UV-Strahler zu kurz. In allen Fällen gilt: Sofort zum Tierarzt!

» Eine gesunde Schildkröte hat klare Augen.

Durchfall
Gesunder Schildkrötenkot ist dunkel und fest. Leidet das Tier unter Durchfall wird dieser breiig und schleimig. Meist sind Parasiten und Pilzinfektionen – infolge falscher Fütterung oder unsauberer Haltung – schuld daran. Setzen Sie das Tier auf Diät. Auf dem Speiseplan steht nun vor allem trockenes Futter wie Laub und Heu, kaum Grünfutter, kein Obst. Geben Sie dem Patienten außerdem Kamillentee zum Trinken. Falls sich sein Zustand nicht innerhalb von zwei Tagen verbessert, Tierarzt aufsuchen. Nehmen Sie für die genaue Diagnose unbedingt eine Kotprobe mit. Stellen Sie Blut oder Würmer im Kot fest, dann dürfen Sie nicht mehr selbst „herumdoktern", dann muss der Patient sofort zum Arzt.

Harnveränderung
Gesunder Harn ist klar und wässrig, mit einem schleimigen Klecks (kristallisierte Harnsäure). Dickflüssiger Harn ohne Klecks deutet auf eine Krankheit hin. Sollten sich im Harn außerdem kleine Steine zeigen, dann handelt es sich sogar um ein fortgeschrittenes Krankheits-Stadium. Weitere Anzeichen: Die Gelenke an den hinteren Beinen schwellen an und die Schildkröte wirkt zunehmend apathisch. Hauptursache ist Flüssigkeitsmangel. Sobald sie die Symptome feststellen, müssen Sie schnellstmöglich einen Tierarzt aufsuchen. Das Tier hat Schmerzen. Bleibt es unbehandelt, stirbt es.

Hautbildveränderung
Krustige Haut deutet auf Milben- oder Pilzbefall hin. Möglicherweise ist das Terrarium unsauber oder der Patient leidet unter Vitaminmangel. Bei diesem Symptom müssen sich alle Ihre Schildkröten in ärztliche Behandlung begeben. Geschwollene Stellen können auch auf Zecken hinweisen. Löst sich die Haut rund um den Hals oder im Bereich des Harn-Darm-Ausgangs ab, sieht das nach einer Vitamin-A-Vergiftung aus – sofort zum Onkel Doktor! Das gilt auch für einen blutenden, wunden oder mit Kot verschmierten After. Hier handelt es sich eventuell um Parasitenbefall. Allgemeine Wunden sollte man säubern und nach Rücksprache mit dem Tierarzt mit Heilsalbe behandeln. Überprüfen Sie, ob die Ursache nicht ein zu tief angebrachter Strahler ist.

Legenot
Läuft ein Weibchen unruhig hin und her, gräbt viel und presst womöglich sogar, dann möchte es eventuell seine Eier ablegen, schafft es aber nicht. Zu den denkbaren Ursachen gehören Mineralstoff- oder Hormonmangel, aber auch ein falsch liegendes oder zu großes Ei. Gar nicht so selten findet das werdende Muttertier einfach keine geeignete Stelle für die Eiablage. Nur ein sofortiger Besuch beim Tierarzt kann die Ursache klären und das Tier retten.

Mineralstoffmangel

Frisst die Schildkröte größere Portionen an Sand oder Kies, dann leidet sie vermutlich unter Mineralstoffmangel. Therapie: Sorgen Sie künftig für eine ausreichende Mineralstoffzufuhr. Sand fressen ist ungesund und kann zu Verstopfung führen, die nicht selten tödlich endet.

Panzerverletzungen

Panzerverletzungen können durch Unfälle entstehen, insbesondere bei Jungtieren, deren Panzer noch weich ist. Therapie: Ist der Panzer nur oberflächlich verletzt (zum Beispiel durch Abrieb), ist das harmlos. Zeigen sich Risse in der Hornschicht oder geht die Wunde runter bis auf den Knochen, ist der Tierarzt aufzusuchen. Zeigen sich rosa Stellen auf dem Panzer und wird unter den Hornplatten sogar eine rosige Flüssigkeit sichtbar, dann handelt es sich um eine Pilzinfektion, die ebenfalls vom Arzt behandelt werden muss.

» **Der Panzer dieser armen „Kröte" wurde durch einen Rasenmäher verletzt.**

Vitamin-A-Vergiftung:

Bei Überdosierung mit Vitamin A kann sich das Tier bis auf das rohe Fleisch häuten. Sie müssen unverzüglich den Tierarzt aufsuchen und das Quarantäne-Terrarium extrem sauber halten, da der Patient nun sehr anfällig für Infektionen ist.

Vitamin -D3-Vergiftung

Bei Überdosierung mit Vitamin D3 wird der Panzer weich und es kann zu Blutungen kommen. Sie müssen unverzüglich mit dem Tier den Tierarzt aufsuchen (Achtung: Patient nur sehr vorsichtig anfassen!). Anschließend ist es sehr wichtig, für eine optimale Mineralstoffzufuhr zu sorgen, das Tier nicht in Kontakt mit Sand oder Kies zu bringen und ausreichende UV-Bestrahlung zu gewährleisten.

Tipp: Manchmal leben Salmonellen im Darm der Schildkröten – da diese unter Umständen auf den Menschen übertragen werden können, sollte man sich nach dem Kontakt immer die Hände waschen!

» **Es ist auch darauf zu achten, dass Kinder, die im Garten spielen, Rücksicht auf die Schildkröten nehmen.**

Zucht

Nachwuchs

Die Schildkrötenzucht ist nicht so einfach wie die Zucht von anderen Haustieren beispielsweise Hund oder Katze. Das liegt im Wesentlichen daran, dass Schildkröten Eier legen.
Wann Schildkröten geschlechtsreif werden, hängt von ihrer Art und ihrem Geschlecht ab. Einige europäische Landschildkröten sind bereits mit drei Jahren so weit, andere erst mit zwölf Jahren. Männchen sind im Allgemeinen früher geschlechtsreif als Weibchen. Dieser Zeitpunkt hängt aber auch von ihren Lebensumständen ab. Je besser diese den natürlichen Bedürfnissen der Reptilien angepasst sind, desto früher pflanzen die Tiere sich fort. Ganz wichtig ist daher die Winterruhe und die Haltung im Freigehege.
Haben sich die Schildkröten durch die lange Pause erquickt, dann sorgen die ersten Sonnenstrahlen ganz von allein für Frühlingsgefühle. Um Rangordnungskämpfe zu umgehen, sollte man jeweils nur ein Männchen und ein Weibchen zur Paarung zusammen ins Gehege setzen. Im April und im Wonnemonat Mai ist Balzzeit. Und das sieht folgendermaßen aus:

» **Bei der Paarung besteigt das Männchen das Weibchen.**

Dann umkreisen die Männchen das Objekt ihrer Begierde und beißen die Dame in den Beine. Manche Weibchen verweigern sich, indem sie ihr Hinterteil einziehen. In diesem Fall versucht der Freier seine Auserwählte durch leichte Rammstöße zu ermutigen. Bleibt das Weibchen unwillig und wird vom Männchen weiterhin bedrängt, kann es zu Verletzungen kommen. In diesem Fall muss das Paar getrennt werden. Geht es aber zur Sache, dann besteigt das Männchen das Weibchen. Dabei wird der sonst so stille Schildkröterich übrigens recht laut: Er quiekt und zischt.

INFOBOX

Wollen Sie „den Wurf" später verkaufen, dann müssen Sie die Schildkröten bei Ihrer Naturschutzbehörde anmelden. Erst dann bekommen Sie die erforderlichen Papiere.

Die Eiablage

Zwischen Mai und Juli findet die Eiablage statt. Meist fressen die Weibchen ein paar Tage zuvor nichts mehr, laufen nervös herum und suchen nach einer passenden Stelle mit lockerer, warmer und feuchter Erde. Sie muss mindestens so tief sein wie der Panzer der Schildkröte hoch ist. Dort scharrt das Weibchen eine Kuhle, legt vier bis zehn Eier ab, schaufelt das Loch zu und stampft die Erde wieder fest. Es ist gut möglich, dass ein Weibchen zwei bis drei solcher Gelege anlegt. Nach der Ablage sind die Mutterpflichten erledigt.
Aufgrund des beschränkten Platzes besteht bei Schildkröten die Gefahr, dass die Eier durch Graben der „Erwachsenen" beschädigt werden. Sie müssen daher entnommen werden. Hinweis: Weibchen, die Eier legen wollen, brauchen mehr Kalk. Deswegen sollten sie einen Monat vor und einen Monat nach der Eiablage Kalk-Extraportionen bekommen. Am besten ist, Sie mischen zerkleinerte, gekochte Hühnereischalen unter das normale Futter.

Ist das Ei befruchtet?

Graben Sie die Eier vorsichtig aus und markieren Sie jedes ganz vorsichtig mit einem weichen Stift an der Oberseite. Die Eier dürfen niemals umgedreht werden. Halten Sie nun das Ei zwischen Daumen und Zeigefinger vor eine Lampe. Wenn Sie Blutgefässe erkennen können, halten Sie ein befruchtetes Ei in Händen. Handelt es sich um ein unbefruchtetes Ei, dann sehen Sie im Frühstadium eine helle Luftblase und eine etwas dunklere Partie. Weitere Anzeichen: Befruchtete Eier werden im Lauf der Zeit schwerer, unbefruchtete leichter.

Die Brutkammer

Zum Ausbrüten eignen sich mehrere Behältnisse. So können Sie eine kleine Plastikwanne verwenden, die zur Hälfte mit leicht feuchtem Sand gefüllt ist. Diese Wanne stellen Sie auf zwei Ziegelsteine in ein Aquarium. Für die richtige Temperatur sorgt warmes Wasser, das bis zur Oberkante der Ziegelsteine reicht und mit einem Heizstab auf die richtige Temperatur gebracht wird. Die Luftfeuchtigkeit muss rund 90 % betragen. Oder Sie kaufen eine künstliche Glucke im Zoohandel. In dieser werden die Eier bis zu Hälfte in feuchtem Sand oder in Vermiculit (das ist ein Isolationsstoff, den Sie im Baumarkt bekommen) eingebettet. Untergebracht wird die Brutkammer in einen Raum mit 28 °C Temperatur.

» **Züchter haben solche professionelle Inkubatoren.**

Wichtiger Hinweis:
Stellen Sie die Abdeckung leicht schräg auf, damit das Kondenswasser ablaufen kann. Es darf nicht auf die Eier tropfen. Da unter der Abdeckung eine hohe Luftfeuchtigkeit vorherrscht, müssen Sie täglich drei- bis viermal kurz Frischluft zufächeln.

Wollen Sie lieber Weibchen oder Männchen züchten? Dann machen Sie sich eine Laune der Natur zu Nutze: Bei 30 bis 32 °C Bruttemperatur werden Weibchen ausgebrütet, bei 25 bis 30 °C Männchen.

» **Ein Schildkrötenbaby erblickt das Licht der Welt – aus eigener Kraft.**

Die Schildkrötenbabys schlüpfen

Wann die Jungtiere schlüpfen, ist je nach Art verschieden. Bei Griechischen Landschildkröten, Testudo hermanni, dauert es 55 bis 70 Tage. Bei anderen Arten müssen Sie sich bis zu 150 Tage gedulden. Der Schlüpfvorgang selbst nimmt ein bis drei Tage in Anspruch. Dabei dürfen Sie den Babys nicht helfen. Die Winzlinge, die circa drei 3 cm lang sind, verbleiben noch einige Tage lang im Brutkasten. Während dieser Zeit ernähren sie sich aus dem Dottersack, der sich in der Mitte des Bauchpanzers befindet. Innerhalb von ein bis zwei Tagen, bildet er sich von allein zurück.

Aufzucht der Jungschildkröten

Die Aufzucht der Jungtiere ist nicht schwer, denn ihre Bedürfnisse sind in fast allen Punkten nahezu identisch mit denen der ausgewachsenen Schildkröten. Eine Woche nach dem Schlüpfen bekommen die neuen Erdenbürger das erste Futter. Auch dabei handelt es sich um ganz normales Futter. Allerdings muss die Baby-Nahrung klein geschnitten werden. Achten Sie dabei auf eine ausreichende Kalk- und Vitaminzufuhr, denn die Kleinen befinden sich im Wachstum. Außerdem darf das Schildkröten-Baby-Heim nicht größer als ein Quadratmeter sein. Sonst finden die Zwerge die Futterstelle eventuell nicht. Bis die Winzlinge eine Panzerlänge von über 10 cm erreicht haben und drei Jahre alt sind, müssen sie von den Größeren getrennt gehalten werden. Mutterliebe kennen diese Reptilien nicht. Die Gefahr, dass die Kleinen von den Großen überrannt oder beim Fressen gebissen werden, ist daher leider groß. Die Bestrahlung mit UV-Licht muss zweimal pro Woche fünf Minuten lang erfolgen. Dabei ist darauf zu achten, dass der Strahler einen Mindestabstand zum Boden von 100 bis 150 cm hat. Behalten Sie den Nachwuchs immer gut im Auge und achten Sie darauf, dass er nicht zu lange auf dem Rücken liegt. Er trocknet schnell aus.

» Baby-Turtels brauchen mundgerecht geschnittenes Futter.

ERFOLGSTIPPS

Streuen Sie ein wenig Sand auf Steinplatten. So schleifen sich die Krallen meist ganz von allein ab.

Kraulen Sie zutrauliche Schildkröten zwischen Hals und Vorderbeinen. Schildkröten lieben das!

Niemals das Terrarium direkt ans Fenster stellen, die Fensterscheiben wirken wie ein Brennglas.

Sonne: Schildkröten sind Sonnenanbeter, sie lieben die direkte Sonnenbestrahlung. Die Sonne dient aber nicht nur dem Wohlbefinden, sondern trocknet auch den Panzer (Vorbeugung gegen Pilzbefall). Sorgen Sie für eine artgerechte Wärme- und Lichtzufuhr.

Immer darauf achten, dass Ihre Schildkröte keiner Zugluft ausgesetzt ist.

Machen Sie Ihrer Schildkröte eine Riesenfreude: Lassen Sie sie den Sommer im Freigehege genießen.

Gönnen Sie Ihr den wohl verdienten Winterschlaf – in der Überwinterungskiste im Keller oder im Gemüsefach im Kühlschrank.

Achten Sie auf frisches, abwechslungsreiches Futter. Verwöhnen Sie Ihre Schildkröte hin und wieder mit einer leckeren Löwenzahnblüte.

Wechseln Sie das Wasser täglich und reinigen Sie das Planschbecken.

Halten Sie das Terrarium sauber.

Achten Sie auf Krankheitsanzeichen.

Stellen Sie Ihre Schildkröte regelmäßig dem Tierarzt zum Gesundheits-Check vor.

Setzen Sie Ihren gepanzerten Mitbewohner nicht unnötigem Stress aus. Heben Sie ihn nicht hoch und tragen Sie ihn nicht herum.

Nähern Sie sich dem empfindsamen Reptil nur mit ruhigen Bewegungen.

Wenn Sie dafür sorgen, dass sich Ihre Schildi bei Ihnen pudelwohl fühlt, dann haben Sie wahrscheinlich einen Freund fürs Leben gewonnen.

Adressen

Deutsche Gesellschaft für Herpetologie und Terrarienkunde (DGHT) e.V., Arbeitsgemeinschaft Schildkröten, www.dght.de.
Verband Deutscher Vereine für Aquarien- und Terrarienkunde e.V. (VDA), www.vda-online.de

Internetadressen

www.schildkroeten.com
www.schroete.de
www.landschildkroete.net
Der Verlag Eugen Ulmer ist nicht für den Inhalt von im Buch genannten Websites verantwortlich.

Infos zur Schildkrötenhaltung

Zentralverband Zoologischer Fachbetriebe Deutschlands e.V., www.zzf.de

Literatur

PRASCHAG, R.: Landschildkröten. Verlag Eugen Ulmer, Stuttgart 2005.
ROGNER, H.: Landschildkröten: halten & pflegen, beobachten & verstehen. Kosmos Verlag, Stuttgart 2007.
WILKE, H.: Landschildkröten glücklich & gesund. Gräfe und Unzer, München 2007.
ZIRNGIBL, R.: Griechische Landschildkröten. bede bei Ulmer, Stuttgart 2011.

Bildnachweis

Alle Bilder stammen vom Text-Bild-Konzept (www.tbkmedia.de), Hamburg, sofern nicht anders angegeben.
Rainer Zirngibl: Seite 46 links, Seite 48 rechts.
Titelfoto: Arcor Images/Hans Reinhard

Meldepflichtige Schildkröten müssen bei folgenden Behörden gemeldet werden:

In **Baden-Württemberg** bei den Regierungspräsidien Stuttgart, Tübingen oder Karlsruhe.

In **Bayern** bei den Naturschutzbehörden der Kreise und kreisfreien Städte.

In **Berlin** bei den Bezirksämtern.

In **Brandenburg** beim Landesamt für Umwelt, Gesundheit und Verbraucherschutz.

In **Bremen** beim Senator für Umwelt, Bau und Verkehr.

In **Hamburg** bei der Behörde für Stadtentwicklung und Umwelt.

In **Hessen** bei den Regierungspräsidien Gießen oder Darmstadt.

In **Mecklenburg-Vorpommern** beim Landesamt für Umwelt, Naturschutz und Geologie (LUNG), Güstrow.

In **Niedersachsen** beim Niedersächsischen Landesbetrieb für Wasserwirtschaft, Küsten- und Naturschutz (NLWKN), Norden.

In **Nordrhein-Westfalen** bei den unteren Landschaftsbehörden der Kreise und kreisfreien Städte.

In **Rheinland-Pfalz** bei den Unteren Landschaftsbehörden der Kreise und kreisfreien Städte.

Im **Saarland** bei den Unteren Naturschutzbehörden der Kreise und kreisfreien Städte.

In **Sachsen** bei den Umweltämtern der Kreise und kreisfreien Städte.

In **Sachsen-Anhalt** bei den Unteren Naturschutzbehörden der Kreise und kreisfreien Städte.

In **Schleswig-Holstein** beim Landesamt für Landwirtschaft, Umwelt und ländliche Räume.

In **Thüringen** bei den Oberen Naturschutzbehörden.

» Die beste Wahl für den Einsteiger: die Griechische Landschildkröte.

Nachwort

Sie haben einen Garten oder einen Balkon? Sie beobachten gerne Tiere? Sie sind zuverlässig und kümmern sich gerne täglich um Ihr Haustier? Prima! Dann erfüllen Sie gleich drei wichtige Vorrausetzungen, um einer Schildkröte ein schönes Zuhause bieten zu können. Diese Reptilien sind übrigens alles andere als langweilig. Sie sind neugierig, haben ihren eigenen Kopf und ihre eigenen Vorstellungen von der Welt.

Sollten Sie sich für eine Schildkröte entscheiden, dann informieren Sie sich vorher umfassend über die Bedürfnisse und Anforderungen der einzelnen Arten. Informationsquellen gibt es viele. Eine gute Adresse sind Züchter, Verbände und Vereine. Allein im Internet gibt es viele empfehlenswerte Seiten, die schnell schlauer machen. Sind sie Anfänger in Sachen Schildkröten? Dann entscheiden Sie sich für eine Sorte, die zu den pflegeleichteren gehört, wie die Griechische Landschild-kröte. Und nehmen Sie zunächst bitte nur ein einzelnes Exemplar. Wenn Sie zu Beginn unsicher sind, dann scheuen Sie sich nicht, Rat einzuholen. Nur wenn Sie ihre Schildkröte artgerecht halten, werden Sie viele Jahrzehnte Freude an Ihrem Pflegling haben.

ERFOLGSTIPP

Schildkröten eignen sich als Haustier für Allergiker. Sie lösen nachweislich keine Allergien aus!

Bibliografische Information der Deutschen Nationalbibliothek

Die Deutsche Nationalbibliothek verzeichnet diese Publikation in der Deutschen Nationalbibliografie; detaillierte bibliografische Daten sind im Internet über http://dnb.d-nb.de abrufbar.

Wollgrasweg 41, 70599 Stuttgart (Hohenheim)
E-Mail: info@ulmer.de
Internet: www.ulmer.de
Umschlagentwurf: Sojus Design, Kai Twelbeck, Stuttgart
Druck und Bindung: Litotipografia Alcione, Lavis
Printed in Italy

ISBN 978-3-8001-8098-1